U0932799

中国黑龍江野生花卉

WILDFLOWERS IN

HEILONGJIANG

CHINA

王雁 岳桦 汤一方 编著

中国林业出版社

图书在版编目(CIP)数据

中国黑龙江野生花卉 / 王雁，岳桦，汤一方 编著 . —北京：中国林业出版社，2008.9
ISBN 978-7-5038-5270-1

I . 中 … II . ①王 … ②岳 … ③汤 … III . 野生植物：花卉—黑龙江省 IV .Q949.408

中国版本图书馆 CIP 数据核字 (2008) 第 104416 号

中国林业出版社·环境景观与园林园艺图书出版中心

策划：邵权熙 **责任编辑**：贾麦娥 李惟

出 版：中国林业出版社（100009 北京市西城区德胜门内大街刘海胡同 7 号）
网 址：www.cfph.com.cn
E-mail：cfphz@public.bta.net.cn 电话：010-66187584
发 行：新华书店北京发行所
印 刷：北京外文印刷厂
版 次：2008 年 9 月第 1 版
印 次：2008 年 9 月第 1 次
开 本：889mm × 1194mm 1/16
印 张：14.25
字 数：370 千字
定 价：180.00 元

FOREWORD

序

我国地域辽阔，北起黑龙江漠河53° N，南至曾母暗沙4°N，南北相距5500km；东自黑龙江与乌苏里江中心线135°E，西及新疆帕米尔高原73°E，东西横跨5200km；气候自热带至寒温带。地形复杂，呈现西高东低，山地、高原、丘陵占陆地面积67%，盆地、平原占陆地面积33%。复杂的地形所形成的多种生态环境中蕴藏着丰富的野生花卉种质资源，如报春花属中国产的有390种，占世界总种数的78%，杜鹃花属中国产的有530种，占总种数的59%，菊属35种，占总种数的70%，而芍药属中木本牡丹组的原种，几乎全部原产于我国，难怪英国植物学家威尔逊在1929年出版的《中国——花园之母》的序言中说："中国确是花园之母，因为我们所有的花园都深深受惠于她所提供的优秀植物，从早春开花的连翘、玉兰，到夏季的牡丹、蔷薇，秋天的菊花，显然，都是中国贡献给世界园林的珍贵资源"。

我们一直因资源丰富而自豪，总以为掌握了资源就掌握了未来，其实这是盲目乐观和片面的。只有掌握了技术，才能充分而节约地利用资源。我国原产的植物近3万种，但真正用在我国园林绿地中的种类屈指可数，至今大部分的种质资源仍自生自灭在山野中。而西方发达国家早在19世纪就到我国引种野生花卉，至今在英国爱丁堡皇家植物园中就有中国植物1527种，仅杜鹃就有306种。西方园艺学家对我们守着如此丰富多彩的野生花卉资源不用，反而花钱从国外购置花木感到迷惑不解。随着园林建设蓬勃发展，并且以环境意识所提出的生态、生物多样性及植物景观重要性日渐为人们所认识。国富民强要提高人们的生活质量，首当其冲就是要建设良好的人居环境，此重担只有通过植物景观才能实现。而营建优良的植物景观，就需要有充足的植物种类。因此近些年我国植物学、园林学、园艺学等领域的专家都纷纷地开始调查我国野生花卉资源，并引种、驯化、繁殖、应用于园林建设中去。

黑龙江省位于我国最东北部，北纬43° 25′～53° 33′，东经121° 11′～135° 05′，面积为45万多平方公里，丘陵山地海拔在300～1780m左右，约占全省面积的70%，平原海拔在50～250m左右，约占全省面积的30%。全省从南到北为中温带和寒温带的大陆性季风气候，冬季寒冷干燥，夏季高温多雨，春秋两季气候多变，初霜期在9月下旬，终霜期可至5月上旬，年降水量在400～650mm之间，夏季最高温可达38℃，冬季最低温可达－52.3℃。全省植被类型有森林、森林草甸、草甸草原、沼泽湿地等。野生花卉处于长白山植物区系、大兴安岭植物区系和蒙古植物区系汇合处，成分复杂而丰富，且具过渡特征。

《中国黑龙江野生花卉》一书在作者历经数年辛勤劳动后，终于出版了。全书图文并茂，摄影清晰，共调查记载了83科245属352种（变种）植物，初步摸清了黑龙江野生花卉种质资源的家底，为进一步引种驯化繁殖应用打下了坚实的基础。而且撰写深入浅出，是大专院校园林、观赏园艺、植物学专业师生不可多得的参考书，也是花卉爱好者的良师益友。

《中国黑龙江野生花卉》的问世又为我国野生花卉种质资源调查增添了一部佳作，可喜可贺，故乐于作序。

苏雪痕

2008.7.2

P R E F A C E

前言

黑龙江省地处我国最东北部，地域辽阔，兼跨寒温带和温带，地形复杂，有连绵的山地和起伏的丘陵，又有一望无际的平原，生长着多种多样的野生观赏植物。黑龙江省野生观赏植物种类相对于我国华南、华中等地区并不太多，但由于黑龙江省野生植物处于长白山植物区系、大兴安岭植物区系和蒙古植物汇合处，区系成分比较复杂，很多野生观赏植物种为国内分布中心，或仅本省有分布。因此，在研究我国观赏植物资源中，占有重要的地位。

过去有关黑龙江省野生观赏植物的研究资料甚少，且多零散不全。为此，在多年实地调查、拍照并搜集、整理有关资料的基础上，挑选其精华，编集成《中国黑龙江野生花卉》。据有关资料统计，黑龙江省分布的具有观赏价值的野生植物约在1300多种，这是人类极其宝贵的财富，是永续利用的资源，如其中一些早春花卉种类，休眠期在－35～－40℃低温下能安全越冬，幼芽萌动期能耐－1～－15℃低温，花期能耐0～－8℃低温，与黑龙江省目前栽培的花卉花期比较，可提早观花期1～2个月。本书共收录了黑龙江省83科352种（变种）的观赏植物，以在原生地拍摄得到的彩色照片配以简明的文字说明，阐述了其形态特征、生态环境、用途等，为园艺教育、科研、引种驯化、育种、花卉种植及爱好者提供资源信息，为今后高效发掘利用提供参考，从一个侧面向业界显示出黑龙江花卉事业的发展潜力。

全书主要内容分两部分：第一部分为黑龙江省观赏植物资源的分布和特点，以期达到对黑龙江省观赏植物资源有一个整体的概念；第二部分为各观赏植物种的记述，包括形态特征、生境及应用形式等。

各论编排方式，按进化顺序依次排列各科，科内按拉丁名字母顺序排列各种。

此书的出版得到中国林业出版社李惟女士和贾麦娥女士的直接参与，精选每一张图片，并对全书的结构提出重要建议，使本书的内容更为精炼，特色和重点更加突出。在野外拍摄照片、采集标本、资料收集及整理等过程中，得到东北林业大学园林学院岳莉然博士、郭阿君博士，中国林业科学研究院林业所李振坚博士、郑宝强博士、缪崑助理研究员、郭欣工程师、硕士研究生李贺程、江浩、张莹、周伟伟、律春燕、吴丹、朱耀军、王志芳、孙晔、于耀、张楠等的协助，作者对上述同志的帮助表示深切的谢意。

承蒙北京林业大学苏雪痕教授对本书植物种及其中文名、拉丁名进行审定，并欣然作序，特此致谢。

本书所收集的观赏植物种类较多，鉴于作者知识所限，虽经反复鉴定、修改，不足和错误之处仍在所难免，敬请读者不吝批评指正。

作者

2008年5月8日

C O N T E N T S

目 录

C O N T E N T S

CONTENTS

C O N T E N T S

CONTENTS

总论

INTRODUCTION

第一章 黑龙江的自然概况

1　地理位置

黑龙江省由中俄最大的界河——黑龙江而得名。黑龙江古称黑水，满语为“萨哈连乌拉”，“萨哈连”是“黑”的意思，“乌拉”是“江”的意思，清朝初期定名为黑龙江。黑龙江省版图状如一只展翅飞翔的天鹅，形象地反映了她富饶美丽的风貌。

黑龙江省位于东北亚中心地带，处于我国东北部边疆，是全国纬度最高的省份。位于东经121° 11′～135° 05′，北纬43° 25′～53° 33′。北部和东部隔黑龙江、乌苏里江与俄罗斯相望，与俄罗斯的水、陆边界长达3045km。北起漠河以北的黑龙江主航道，东端在抚远以东，西靠内蒙古自治区，至兴安岭北部的大林河源头以西，东西长930km，跨14个经度，时差约54分钟；南北相距约1120km，跨10个纬度。南邻吉林省。

全省土地总面积45.4万km^2 (不包括由黑龙江省管辖的内蒙古自治区加松地区)，占全国总面积的4.73%，有效利用面积居全国之首。黑龙江省山脉覆盖全省60%的面积，林地面积2000多万hm^2，森林覆盖率43.6%，居全国之首，且大多为天然林；省内江河纵横，水资源居北方之首，黑龙江、松花江、乌苏里江、嫩江和绥芬河构成全省五大水系。

2　地形地貌

2.1　黑龙江地形

黑龙江省的地形，大致是西北部、北部和东南部高，东北部、西南部低。主要由山地、台地、平原和水面构成。地质构造相当复杂，大致中部地区为比较稳定的东北台地，东西两侧的山地多属地槽，西侧为大兴安岭褶皱带，东侧为太平岭和乌苏里褶皱带；此外，在地槽与台地之间还有一个过渡性的吉林准褶皱带。西北部为北东—南西走向的大兴安岭山地；北部为北西—南东走向的小兴安岭山地；东部为北东—南西走向的张广才岭、老爷岭、完达山。兴安山地与东部山地的山前为台地。东北部为三江平原 (包括兴凯湖平原)，西部是松嫩平原。松嫩平原循着松花江谷地与三江平原一线相通。黑龙江省山地 (海拔高度大多在300～1000m) 面积约占全省总面积的58%；台地 (海拔高度200～350m) 面积约占全省总面积的14%；平

原（海拔高度50～200m）面积约占全省总面积的28%。地貌特征为“五山、一水、一草、三分田”。

黑龙江地区的现代地形，是在长期地质历史的演化过程中逐渐形成的。在地质历史时期，多次大地构造运动使黑龙江所在地区的地貌形态经历了反复的塑造，到新生代的燕山运动时期才基本奠定了今天的地貌基础。新生代以来的新构造运动和漫长地质时期内外自然力的综合作用，形成了基本相对稳定而又复杂多样的地表形态。黑龙江省地貌类型复杂，形态类型多样，有中山（海拔高度1000m以上，相对高度在400～500m之间）、低山（海拔高度为500～1000m，相对高度为200～400m）、丘陵（海拔高度为300～500m，相对高度在200m以下）、台地平原等。

在元古代时期，黑龙江地区为海洋环境，沉积了海相碎屑岩、化学岩和火山喷发岩。但在元古代末期，由于部分地壳回返和相应的造山运动，使现在的老爷岭、松辽平原、三江平原和乌云地区（含嘉荫）形成了古陆地（地质构造上称为东北地块）。原先的海洋沉积物，在地下经长期高温高压形成了今天所见的变质岩，包括结晶片岩、大理岩、石英岩、片麻岩和混合岩等，总厚达1700～4500m。

古生代后期，黑龙江地区的大地构造已基本确定。全地区除那丹哈达岭外，大部上升为陆地，海水退出，大兴安岭、东部山地的地貌轮廓已基本形成。此后的地壳运动主要表现为局部凹陷、断裂及火山活动，因而形成了中生代和第三纪的许多地堑型大盆地和部分玄武岩台地。中生代的侏罗纪时期，黑龙江地区气候炎热，植物在大盆地中生长十分繁茂，加之盆地地壳缓慢沉降，大量植物生长、积累和埋藏，在一定的温度、压力等地质条件下，形成了鸡西、鹤岗、双鸭山等大煤田。在中生代后期的白垩纪，黑龙江地区有许多大的湖泊，如松嫩平原上的大湖——古松辽湖，以及嘉荫一带今黑龙江两岸古代的大湖。由于湖泊中大量生物体的积聚和变化，为今日大庆等地的石油储藏打下了物质基础。晚白垩世时期黑龙江地区处于温暖、潮湿、湖泊众多、动植物十分繁茂的自然环境。白垩纪时期的古松辽湖大幅度下降，堆积了厚达6000余米的含油碎屑岩，形成今日松辽平原的基本轮廓。

黑龙江流域的山地岭脊海拔高度一般为1000～2000m，但少巍峨峻拔的高山。西侧有大兴安岭山地，东侧有长白山地，北部有西北走向、近期隆起的小兴安岭。三列山地围成半圆形状的马蹄形，其内侧环抱三江平原和松嫩平原。大兴安岭以西，地势升高至600m以上，属内蒙古高平原的一部分。

中国东北的新构造运动对本区现代地貌的形成与发展起着重要作用。首先，升降运动是中国东北新构造运动的基本形式和类型，东部山地和大兴安岭是燕山运动以来一直上升的地区。其次，断裂活动控制着升降运动和火山带、地震带的分布，本区地处东亚大陆东部边缘强烈活动带上，活动性深断裂相当发育，以北北东向和北东向的构造线占优势，控制着山地与平原的发育、展布方向和轮廓。北北东向断裂带主要有长春—四平断裂带和嫩江断裂带，形成松嫩平原与东部山地、大兴安岭的分界线；北东走向断裂带有密山—敦化断裂带、依兰—伊通断裂带；北西走向断裂带以小兴安岭西南侧和东北侧沿黑龙江发育的断裂最为明显，形成了小兴安岭与松辽分水岭的隆起。

黑龙江流域主要水系以黑龙江为干流，其主要支流有松花江、乌苏里江、嫩江等。大兴安岭中北部径流相对稳定，径流系数20%～40%，有春、夏两汛，中间没有枯期；小兴安岭及长白山径流丰富，土壤侵蚀现象不严重，但常引起洪水危害；松嫩平原及呼伦贝尔等平原径流少，多潴成湖沼。

大兴安岭林区地带性植被为寒温带针叶林。在黑龙江境内山地占总面积的58%。下图为大兴安岭山地

2.2 土地资源类型与分布

2.2.1 成土母质

黑龙江流域山地土壤的成土母质主要是各种残积物和坡积物；平地土壤的母质则为各种淤积物、冲积物、风积物和海相沉积物。

现代残积物广泛分布于山地，以岩浆岩为主，沉积岩较少。可分为酸性残积物和基性残积物。酸性残积物主要由岩浆岩的风化物所组成，基性残积物主要由新生代的玄武岩和玄武岩质的火山灰等风化物组成。

次生沙砾残积物主要分布于小兴安岭西段和吉林东部的丘陵、低山，系上新世至下新世的沙砾堆积物，结构松散，堆积深岩，组成物质以石英石为主。山麓冲积—洪积物呈弧形分布于小兴安岭和东部山地西麓以及大兴安岭的东麓，在哈尔滨以南地区，该母质层厚达10～15m，物理黏粒小于60%，以北的嫩江、北安等地厚度稍薄，物理黏粒大于60%。

河湖相沉积物分布于三江及兴凯湖平原，系更新世早期形成，堆积层厚达40～50m，大部分为黏土，pH值为5.0～6.0，盐基饱和度为75%～85%，矿物组成中有时Al_2O_3的含量较高，并含少量的胶体矿物。

淤积物在本区大平原上分布广泛，主要为3种类型：首先是无碳酸盐淤积物，分布于松花江、嫩江上游，黑龙江中、上游及东部山区诸河流的河谷平原。这类母质呈微酸性反应，pH值为5.8～6.8，盐基近饱和；其次是碳酸盐淤积物，主要分布于松嫩平原、呼伦贝尔高平原河流的河谷平原。母质呈中性或微碱性反应，pH值为7.0～7.8，代换性盐基总量高于前者；其三是苏打盐化淤积物，分布于松嫩平原的中部安达、肇东一带和吉林西部。质地较黏重，盐基饱和度高，呈碱性反应，pH值为8.0～8.6。

沙质风积物分布于呼伦贝尔高平原。其中无碳酸盐沙质风积物多系近期河流冲积物，或受风力搬运而再次沉积，成为波状起伏的沙丘。而碳酸盐沙质风积物系冰期后与黄土同时沉积而成。在草原植被作用下，开始有$CaCO_3$的聚积，多发育为黑钙土型沙土或栗钙土型沙土。

2.2.2 土壤

黑龙江平原地区是世界三大肥沃黑土区之一。有机质或腐殖质层特厚，含量又高，土壤极为肥沃。土壤深厚黑色表层的存在，反映了冷湿型自然景观的本质特征。在较短的温暖季节中，气温较高，海水丰富，土壤的水热条件有利于植物生长，粗有机质能较快分解，增加土壤腐殖质含量。

黑龙江流域土壤类型主要有山地苔原土、棕色针叶林土、暗棕壤、灰色森林土、黑土、白浆土、黑钙土、栗钙土、草甸土、灌淤土、沼泽土、沙土（风沙土）、盐土（盐渍土）、碱土等。由于气候、地貌、植被和土壤密切相关，直接影响土壤的形成、发生，同时也形成了明显的地带性的分布规律。

山地草甸土 主要分布在张广才岭顶峰，海拔1450～1600m之间。

绿色针叶林土 主要在针叶林下发育的土壤，分布在大兴安岭的中山、低山和丘陵区，平均海拔500～1000m，占全省土壤总面积的9.94%。

暗棕壤 暗棕壤是黑龙江省山地主要土壤，是本区东部和北部山区面积最大的土壤类型。主要分布在小兴安岭和由完达山、张广才岭及老爷岭组成的东部山地，大兴安岭东坡亦有分布。海拔为大兴安岭东坡600m以下，小兴安岭800m以下，东部山区900m以下，其中耕地115万hm^2。是针叶阔叶混交林植被下形成的土壤。一般呈弱酸性，无碳酸盐反应。

白浆土 主要分布在三江平原和东部山区，除齐齐哈尔、大庆、大兴安岭外其他地区均有分布，其中耕地116.36万hm^2。

黑土 主要分布于黑龙江流域东部，是黑龙江省主要耕地土壤，除牡丹江外其他各地均有分布。主要集中分布在滨北、滨长铁路沿线两侧，其中耕地360.62万hm^2，占全省耕地总面积的31.34%。黑土形成于季节气候及草甸化草原植被的条件，其形成过程为明显的特殊的草甸化过程，由于土层有临时性滞水层，潴育层次较明显，无石灰反应，都有潜育现象。

黑钙土 主要分布于松嫩平原，大兴安岭东、西两侧。其中耕地面积158.91万hm^2。该土类是在半湿润半干旱季风气候条件下，通

方正原始森林公园——鸣石塘·兴安杜鹃

过草甸草原植被的腐殖化及淋溶化过程中形成的，是松嫩平原的主要土壤类型。

栗钙土 俗称白干土，分布于呼伦贝尔高平原泰来县，是在干旱、半干旱大陆性季风气候条件下，通过典型草原植物的腐殖化及钙累积过程而形成的。其中耕地1.03万hm^2。

草甸土 是黑龙江省主要耕地土壤之一，全省各地均有分布。草甸土分布广泛，从山地针叶林带到黑钙土、栗钙土地带均有分布。集中分布于河谷低地的狭窄地带。该土类分布的地区，一般为冲积平原、泛滥地和低阶地中的低洼地，这些地域径流弱，排水不畅，土壤水分较多。其形成是典型草甸等植被的腐殖质的累积过程，而不是母质的沉积过程，同时是一种半水成型、具有季节性潜育化的土壤。其中耕地面积302.5万hm^2，占全省耕地总面积的26.2%。

沼泽土 全省各地均有分布，但有由寒温带向温带、由东部湿润区向西部半干旱区逐渐减少的趋势。主要分布于三江平原地区，大兴安岭中、北部，小兴安岭及长白山地区，黑龙江、松花江的泛滥平原以及嫩江下游地区和湖沼地区，多成岛状、带状及零星分布。其形成于存有季节性冻层及岛状永冻层，同时有积水的低湿地区，是沼泽植被泥炭化及腐殖质累积、潜育化过程的产物。其中耕地面积38.2万hm^2。

泥炭土 主要分布在黑龙江省东部和北部，其中耕地面积1.22万hm^2。泥炭总储量约115 077.12万m^3。

盐渍土 黑龙江省盐渍土属内陆型盐渍土，包括盐土、碱土。主要分布在松嫩平原，其中盐土13.23万hm^2，碱土11.11万hm^2。

石质土 主要分布于小兴安岭、张广才岭、老爷岭、完达山等山地丘陵区。

火山灰土 主要分布在五大连池火山群、鸡西火山熔岩台地、镜泊湖火山口周围等地，其中耕地0.17万hm2。

新积土 主要分布在江、河水系的两岸，其中耕地19.39万hm^2。

风沙土 主要分布在嫩江及其支流、河湖、漫滩和低阶地，其中耕地14.62万hm^2。

水稻土 全省各地均有分布，全部为耕地。

3　水文（河流与湖泊）

3.1　河流

全省境内江河众多，河流密布，大小河流数千条，著名的河流有黑龙江、松花江、乌苏里江、嫩江、牡丹江和绥芬河。全省有黑龙江、乌苏里江、松花江和绥芬河4大水系，流域面积在50km^{2}以上的河流有1918条，5000km^{2}以上的河流有27条，10000km^{2}以上的河流有18条。其中松花江和乌苏里江为最大的一级支流。全省河流平均径流量为655.8亿m^3，占全国河川径流总量的3%左右。黑龙江省是中国水资源较丰富的省份之一，年降水量70%集中在农作物生长期，雨热同季，生物生长环境良好。

1) 黑龙江

黑龙江是东北亚第一大河，也是我国最长的界河，其流域涉及黑龙江、吉林、内蒙古三省区。黑龙江有南北两源：南源为额尔古纳河，其上源为海拉尔河，发源于中国大兴安岭西坡；北源为石勒喀河，其上源为鄂嫩河，发源于蒙古人民共和国北部肯特山东麓。两源于漠河县西北部的洛古河村附近汇合后称黑龙江干流。经黑龙江省漠河、塔河、呼玛、黑河、孙吴、逊克、嘉荫、萝北、绥滨、同江、抚远等县（市），至抚远三角洲东北角汇合乌苏里江后流入俄罗斯境内，在尼古拉耶夫斯克（庙街）附近注入鄂霍茨克海的鞑靼海峡。干流全长2821km，流经黑龙江省境内1887km。黑龙江干流自洛古河村至黑河市为上游，长905km，属于山区性河段；从黑河至与乌苏里江汇流处为中游，长982km，穿行于山地、平原之间，中国一侧为小兴安岭山地和三江平原，江宽600～1300m，一般水深1.5～2m，可通航500～1000T级船舶；乌苏里江口至入海口为下游，长934km，全部在俄罗斯境内。黑龙江以雨水补给为主，季节融雪为辅。上、中游秋末开始结冰封冻，次年4月末（中游）5月初（上游）前后开江，多年平均封冻时间164天，多年平均冰厚1.08～1.24m。由于开江晚，冰汛、春汛过后紧接雨季，一年中常出现几次洪水过程。

黑龙江在中国境内的主要支流有额木尔河、呼玛河、逊别拉河、松花江和乌苏里江。流域内森林茂密、土质肥沃、物产丰富，有耕地52.53亿m^2，人口87.1万人。

2) 松花江

松花江是黑龙江右岸最大支流，也是黑龙江省境内的最大河流。松花江有南北两源，南源第二松花江在吉林省境内，发源于长白山天池；北源嫩江在黑龙江省境内，发源于大兴安岭。两源于三岔河汇合后至注入黑龙江的江段称松花江干流。松花江的总长度以北源嫩江计算为2309km，上段嫩江长1370km，下段松花江干流长939km，在黑龙江省境内的总流域面积为26.9万km^2，占黑龙江省总面积的59.3%。

松花江干流从西南流向东北，由右岸注入黑龙江。河口高程57.16m。自三岔河口至哈尔滨段为上游，迂回在平原上，河宽370～850m，水深4～7m；哈尔滨至佳木斯段为中游，两岸为小兴安岭和张广才岭低山丘陵区，河道狭窄，多浅滩，最窄处为200m左右，浅滩水深1.5m左右；佳木斯段以下为下游，流经三江平原，河道宽阔，河宽1500～3000m，水深2～3m。哈尔滨以下可通航较大客货轮。松花江干流平均比降0.082‰，年平均流量1190m^3·s^{-1}，年平均总径流量733亿m^3。以雨水补给为主。季节变化明显，7～8月份径流量占全年总径流量的40%，10月至翌年4月为枯水期，径流量仅占总径流量的15%。从11月中旬至次年4月中旬，结冰期140天，最大冰厚1m。

3) 嫩江

嫩江是松花江北源，发源于大兴安岭伊勒呼里山中段南侧。正源称南瓮河，与二根河汇合后始称嫩江干流。由北向南，于三岔河从左岸汇入松花江，从源头至河口全长1370km，流域面积28.3万km^2，嫩江镇以上为上游，河谷狭窄，具有山地河流性质；嫩江镇至布西为中游，多低山丘陵；布西以下至河口为下游，进入广阔的松嫩平原，支流众多，水量丰富。嫩江的多年平均年径流量为212.56亿m^3，是松花江水量的主要来源之一。以大气降水为主要补给，并集中于6～9月份。汛期出现在7、8两月。径流的年变化比较大。嫩江的主要支流有甘河、诺敏河、雅鲁河、绰尔河、洮河等；左岸主要有科洛河、讷漠尔河、乌裕尔河、双阳河等，组成树枝状的水系。它在嫩江县以上河段，两岸高山陡峻，水流湍急，属于山间溪流性质河段；嫩江县以下，地势渐平；进入松嫩平原，江面逐渐开阔。

4) 牡丹江

牡丹江是松花江中游的最大支流，发源于吉林省境内白头山以北的牡丹岭，在黑龙江省依兰县城附近注入松花江，全长726km，流域面积37023km^2。河床比降大，河道天然落差1007m，平均比降为0.139%。镜泊湖以上为上游，江水由南部进入镜泊湖，在湖的北部出口处形成落差20m的瀑布。从镜泊湖到牡丹江市为中游，从牡丹江市至长江屯为下游。牡丹江中游段流经玄武岩台地，两岸地形低缓、河谷较宽、比降较小；上游和下游均流经山区，河谷狭窄、水流湍急、支流短小、河中有礁石。直至长江屯以下河流进入宽阔的河谷平原，在依兰县附近，山谷骤然开阔，水流蜿蜒，分汊较多，有河中岛出现。

牡丹江流域多年平均径流总量为88.34亿m^3，径流量的季节分配不均。春季融水形成明显的春汛，夏季降水集中，径流占全年50%以上，

方正莲花湖

每次较大降水后都会出现强大的洪峰，幸有镜泊湖调节。河流泥沙含量小，河水终年清澈，水力资源丰富。牡丹江的主要支流有沙河、海浪河、头道河子、二道河子、三道河子和乌斯浑河，以海浪河和乌斯浑河最大。

5) 乌苏里江

乌苏里江在黑龙江省东部，为中国和俄罗斯边境界河。乌苏里江有东西两源，东源乌拉河发源于俄罗斯的锡霍特山之西侧，乌拉河长398km在俄罗斯境内。西源松阿察河发源于兴凯湖。两河汇合后，由南向北流从右岸注入黑龙江。其中从松阿察河经乌苏里江干流至汇入黑龙江段492km，为中国与俄罗斯的边境界河。流域面积18.7万km^2，在中国黑龙江省境内6.15万km^2。河道宽度，松阿察河口至饶河为200～500m，饶河至黑龙江口为500～1000m。正常水位平均水深2～5m。多年平均封冻时间为148天，最大冰厚1.15m。下游饶河站多年平均径流量232.9亿m^3，河口处多年平均径流量623.5亿m^3。中国境内的主要支流有穆棱河、七虎林河、阿布沁河、挠力河等。

6) 绥芬河

绥芬河位于黑龙江省东南部。绥芬河有南北两源，北源小绥苏河发源于东宁县太平岭，南源大绥苏河发源于吉林省汪清县的老爷岭。两源于东宁县的道河镇下游约3km处汇合，东流至东宁镇进入平原地区，继而流入俄罗斯境内，向南流入日本海。以大绥苏河为上源，全长443km，其中在中国境内长258km；干流在中国境内长61km，中俄界河长2km。总流域面积17321km^2，其中中国境内流域面积10059km^2，黑龙江省境内流域面积7541km^2。绥芬河属山区性河流，水流急促。流域内多年平均降水量为500mm，5～8月份的降水量占全年的65%，春季和夏秋之际成为汛期。径流年际变化大，丰、枯水相差10.8倍。东宁站多年平均流量为41.5$m^3 \cdot s^{-1}$，折合年径流量为13.1亿m^3。绥芬河流域地表植被繁茂，覆盖率高，河流泥沙含量小。绥芬河多年平均封冻时间128天（11月下旬至次年4月上旬），多年平均最大冰厚0.9m。

3.2 湖泊

黑龙江流域生境多样，地形复杂，孕育着松嫩平原和三江平原两大平原。湖泊密布，有大小湖泊万余个。全省0.1km^2以上的湖泊泡沼640个，正常水面面积5255km^2。黑龙江省主要湖泊有兴凯湖、镜泊湖、五大连池和连环湖。

1) 兴凯湖

位于中俄边境，面积4380km^2，中国部分面积为1080km^2。湖面海拔69m，最深处达10m。共有9条河流注入，湖水从东北方溢出，经松阿察河流入乌苏里江。湖之北面有小兴凯湖，全在中国境内，面积为180km^3，水深为2～3m。两湖间有约宽1km的沙坝，水涨时则相连为一体。

2) 镜泊湖

位于黑龙江省牡丹江市宁安县境内、牡丹江上游，距宁安市区70km，南北长45km，东西最宽处6km，一般宽度在500～1000m，是一个狭长形的高山堰塞湖。南浅北深，最深处为62m，平均海拔350m，水面约90km^2，容水量约16亿m^3。大约在1万年以前，由于火山爆发，熔岩堵塞了牡丹江河道堰塞而成。

3) 五大连池

五大连池位于黑龙江省西北部。公元1719～1721年，火山爆发堵塞了当年的河道，形成了5个互相连通的熔岩堰塞湖，面积18km^2。水深2～5m，最大深度为12m。为外流湖，入讷谟尔河。

4) 连环湖

连环湖位于大庆市杜尔伯特县县城泰康镇西南18km处，是松嫩平原上的一个久负盛名的大型浅水湖泊，湖区范围内的陆地地势低平。乌裕尔河和双阳河的河水到了这片低洼的土地，便滞留成为一组大型湖泊群，由哈布塔泡等18个湖泡组成。又由于连环湖地貌结构为北高南低，南北长60km，东西宽30.5km，是黑龙江省最大的内陆淡水湖之一，总面积5500余公顷，连环湖水域属北温带大陆性季风气候，平均海拔135～144m，湖底高程135.5～136.9m，库容11.5亿m^3。

4 气候

黑龙江省位于中国东部季风区的北端，地跨寒温带和中温带，其大部分地域属于湿润地区，西南部有自半湿润向半干旱过渡的地带。

黑龙江属中温带到寒温带的大陆性季风气候。全年平均气温在－5～5℃。1月份平均气温达－30℃以下,绝对最低气温常达－45℃以下。夏季甚短，7月份平均气温为16～18℃，气温年较差近50℃。日平均气温≥10℃的积温为1800～2800℃。气温由东南向西北逐渐降低，南北差近10℃。无霜冻期全省平均100～150天，其中南部和东部地区在140～150天。初霜冻全省大部地区出现在9月下旬，终霜冻在4月下旬至5月上旬。

黑龙江省全省年降水量中部山区多，东部次之，西部最少。平均年降水量在400～650mm，生长季降水量占全年总降水量的80%以上，雨热同季，有利于植物生长。年平均降雪量50mm。

黑龙江省全年生产季节光照资源较为丰富，年总辐射量460～543kJ·cm^{-2}，年日照时数2400～2800h。年内变化明显，春季最多，夏季次之，秋季较少，冬季更少。日照百分率在60%左右，光能充足，生理辐射占太阳总辐射的48%。北部年辐射总量为405.99kJ·cm^{-2}，中、东部年辐射总量为460.41kJ·cm^{-2}，西南部年辐射总量为502.26kJ·cm^{-2}。

春
夏

第二章 黑龙江植物区系的组成及特点

黑龙江省位于长白植物区系、大兴安岭植物区系和蒙古植物区系汇合处，植物区系成分较复杂，并且具有过渡性特征。

1 植物区系的基本特点

1.1 黑龙江流域植物区系的特点

1) 植物组成多样，门类齐全

黑龙江流域植物有218科878属2740种，其中地衣植物12科23属158种；苔藓植物67科180属427种，约占东北苔藓植物科数的87%、属数的84.62%、种数的73.64%；蕨类植物23科46属110种，约占东北蕨类植物科数的92%、属数的94%、种的78.63%；种子植物116科629属2045种，约占东北种子植物科数的92.13%、属数的82.88%、种数的79.77%。

黑龙江省区内的植物按世界植物区系的划分属于泛北极植物区系的欧亚森林植物亚区、欧亚草原亚区、中国—日本森林植物亚区。根据目前的调查，共有183科737属2400余种（其中有1763种为种子植物）。在全部种子植物中，被子植物就有107科636属1746种；裸子植物3科6属17种。这些种植物又属于长白植物区系（分布在大小兴安岭南部、东部山地、三江平原）、大兴安岭植物区系（分布在大兴安岭和小兴安岭北部）、蒙古植物区系（分布在松嫩平原），这些植物类型的地貌景观主要表现是森林植被、森林草原植被、草原草甸植被，这是黑龙江省的自然植被基础。

按Kitagawa (1979) 对东北植物种的分区分析统计，黑龙江流域种子植物分布区共分成15个类型，其中属单区成分的种子植物927种，占总组成的45.33%，居首位；两区共有成分696种，占总组成的34.04%，居第二位；含三区共有成分277种，占总组成的13.54%，居第三位；四区共有成分145种，占总组成的7.09%，居第四位。

2) 组成植物隶属的科、属多样性

植物隶属的科、属在植物区系与植被中的意义与作用有所不同，这可以从它们在黑龙江流域植物组成中所含种数多少的顺序反映出来。

黑龙江流域地衣植物中含种数较多的科依次是：石蕊科（45种）、梅衣科（41种）、地卷科（25种）、松萝科（19种）、蜈蚣衣科（9种）等。

黑龙江流域苔类植物中含种数较多的科依次是：裂叶苔科（22种）、光萼苔科（12种）、合叶苔科（10种）、叶苔科（9种）、大萼苔科（8种）、绿片苔科（6种）等。

黑龙江流域藓类植物中含种数较多的科依次是：曲尾藓科（34种）、羽藓科（27种）、

柳叶藓科 (25种)、泥炭藓科 (19种)、提灯藓科 (19种)、真藓科 (18种)、灰藓科 (17种) 等。

黑龙江流域植物组成的主体是种子植物，占植物总组成的74.93%，含种数较多的科依次是：菊科 (224种)、禾本科 (158种)、莎草科 (147种)、毛茛科 (124种)、蔷薇科 (97种)、豆科 (78种)、百合科 (74种)、蓼科 (63种)、石竹科 (60种)、伞形科 (55种)、唇形科 (53种) 等。

按属内含种数多少可分为以下几大类：含50种以上的属1个，占总属数的0.16%；含20～49种的属8个，占总属数的1.31%；含10～19种的属29个，占总属数的5.25%；含5～9种的属71个，占总属数的11.64%；含2～4种的属189个，占总属数的30.05%：含1个种的属331个，占总属数的52.62%。黑龙江流域的种子植物除少数的亚界分布种之外，属温带成分的占90.41%，温带—北极成分占8.59%，热带成分仅占1%。

1.2 黑龙江流域植物区系的性质

黑龙江流域植物组成丰富，种子植物为其组成主体，占总组成的74.93%。组成中种子植物属为629个，按照“中国种子植物属分布区类型”(吴征镒，1991) 进行系统分析，其结果是：

属温带分布成分的有531个属，占总组成的84.42%，其中包括北温带分布的属221个，如冷杉属 (*Abies*)、落叶松属 (*Larix*)、赤杨属 (*Alnus*)、榛属 (*Corylus*)、地榆属 (*Sanguisorba*)等。

北温带和南温带(全温带)间断分布的属53个，如荨麻属 (*Urtica*)、地肤属 (*Kochia*)、茜草属 (*Rubia*)、柴胡属 (*Bupleurum*)、越橘属 (*Vaccinium*)等。

欧亚和南美洲温带间断分布的属4个，如火绒草属 (*Leontopodium*)、看麦娘属 (*Alopecurus*)、赖草属 (*Leymus*) 等。

东亚和北美洲间断分布的属68个，如五味子属 (*Schisandra*)、唢呐草属 (*Mitella*)、胡枝子属 (*Lespedeza*)、菖蒲属 (*Acorus*)、棋盘花属 (*Zigadenus*) 等。

东亚和墨西哥间断分布的属1个，即六道木属 (*Abelia*)；旧世界温带分布的属81个，如剪秋罗属 (*Lychnis*)、白屈菜属 (*Chelidonium*)、香薷属 (*Elsholtzia*)、毛莲菜属 (*Picris*)、重楼属 (*Paris*) 等。

地中海区、西亚和东亚间断分布的属7个，如单叶芸香属 (*Haplophyllum*)、窃衣属 (*Torilis*)、天仙子属 (*Hyoscyamus*)、牧根草属 (*Asyneuma*)、鸦葱属 (*Scorzonera*) 等。

欧亚和南非洲（有时也在大洋洲）间断分布的属9个，如苜蓿属（*Medicago*）、蛇床属（*Cnidium*）、前胡属（*Peucedanum*）、莴苣属（*Lactuca*）、蓝盆花属（*Scabiosa*）等。

温带亚洲的属29个，如轴藜属（*Axyris*）、瓦松属（*Orostachys*）、地蔷薇属（*Chamaerhodos*）、锦鸡儿属（*Caragana*）、大油芒属（*Spodiopogon*）等。

东亚分布的属19个，如溲疏属（*Deutzia*）、五加属（*Acanthopanax*）、苍术属（*Atractylodes*）、狗娃花属（*Heteropappus*）、芡属（*Euryale*）等。

中国—喜马拉雅分布的属5个，如扁核木属（*Prinsepia*）、阴行草属（*Siphonostegia*）、裂瓜属（*Schizopepon*）、兔儿伞属（*Syneilesis*）、射干属（*Belamcanda*）。

中国—日本分布的属15个，如雷公藤属（*Tripterygium*）、萝藦属（*Metaplexis*）、茶菱属（*Trapella*）、桔梗属（*Platycodon*）、半夏属（*Pinellia*）等；环极分布的属9个，如草茱萸属（*Chamaepericlymenum*）、杜香属（*Ledum*）、地桂属（*Chamaedaphne*）、红梅苔子属（*Oxycoccus*）、岩高兰属（*Empetrum*）等。

北极—高山分布的属5个，如山蓼属（*Oxyria*）、红景天属（*Rhodiola*）、北极果属（*Arctous*）、裂稃茅属（*Schizachne*）、金莲花属（*Trollius*）。

黑龙江流域组成植物的区系性质为温带属性。同时黑龙江流域地处温带北部至寒温带，许多温带性质种的分布中心偏北，常能达到亚寒带附近，如组成中环极成分、北极—高山成分的出现便是例证。这也是黑龙江流域植物区系温带性质的一个特点。

2　植物区系的地理成分

黑龙江省林区，区域辽阔，地势起伏，山峦重叠，气候独特，形成本区特有的植被类型，从地域性生态特点出发，结合黑龙江流域地貌、气候、土壤、人为因素对植被的影响和植被类型分布规律，将黑龙江流域的植被区划为7个植被类型（森林、灌丛、草甸），主要有：

2.1　针叶林

针叶林是由针叶树种（松科、柏科植物）为建群种的森林植被，在黑龙江流域分布很广，组成的针叶树种十分丰富，既有以北邻东西伯利亚为分布中心的针叶树种，又有以华北为中心的针叶树种，还有一些特有种。从适应性上可分为三大类，即寒温性、温性及暖温性针叶树种。寒温性针叶树种有源自寒温带的东西伯利亚种，如兴安落叶松（*Larix gmelinii*）、樟子松（*Pinus sylvestris* var. *mongolica*）、偃松（*Pinus pumila*）等以及源自寒温带的南鄂霍茨克种，如鱼鳞松（*Picea jezoensis*）、红皮云杉（*Picea koraiensis*）、臭冷杉（*Abies nephrolepis*）；温性针叶林树种，如红松（*Pinus koraiensis*）；此外还有一些中国东北特有的温性针叶树种，如长白落叶松（*Larix olgensis*）、海林落叶松（*Larix olgensis* var. *heilingensis*）、兴凯湖松（*Pinus ussuriensis*）、西伯利亚红松（*Pinus sibirica*）、长白松（*Pinus densiflora* var. *sylvestriformis*）等。

根据组成、结构、分布规律，黑龙江流域的针叶林可划分为6个群系组、23个群系。

2.2　针叶、阔叶混交林

黑龙江流域的温带针阔叶混交林，地处欧亚大陆东缘，濒临日本海，气候深受海洋影响。本类型主要特征是以红松（*Pinus koraiensis*）为主要针叶树，混有其他种类的针叶树和阔叶树。针叶树中有寒温性的鱼鳞云杉（*Picea jezoensis* var. *microsperma*）、红皮云杉（*Picea koraiensis*）、臭冷杉（*Abies nephrolepis*），以及温性（或暖温性）的沙冷杉（*Abies holophylla*）、长白侧柏（*Thuja koraiensis*）、紫杉（*Taxus cuspidata*）等。阔叶树多为温性树种，如紫椴（*Tilia amurensis*）、枫桦（*Betula costata*）、水曲柳（*Fraxinus mandshurica*）、千金榆（*Carpinus cordata*）、花曲柳（*Fraxinus rhynchophylla*）及多种槭树（*Acer* spp.）等20余种。

林内灌木、藤本植物也极丰富，为黑龙江流域各类植被之冠，尤其林内藤本植物非常丰富，常见种有山葡萄（*Vitis amurensis*）、北五味子（*Schisandra chinensis*）、狗枣猕猴桃（*Actinidia kolomikta*）、葛枣猕猴桃（木天蓼）（*Actinidia polygama*）、东北雷公藤（*Tripterygium regelii*）等近10种。

小兴安岭（左图）

秋天的景色

2.3 阔叶林

黑龙江流域的阔叶林均是落叶阔叶林而无常绿阔叶林。在东部红松针阔叶混交林区域及西北部以兴安落叶松为主混有阔叶树的明亮针叶林区域，均有各种落叶阔叶林分布，如以杨 (*Populus* spp.)、柳 (*Salix* spp.)、水曲柳 (*Faxinus mandshurica*)、东北桤木 (*Alnus mandshurica*)、胡桃楸 (*Juglans mandshurica*) 等为主的低温谷地与河岸落叶阔叶林，占据亚高山带的岳桦林以及各种次生的杨、桦 (*Betula* spp.) 林，阔叶杂木林以及一些栎林等。这些落叶阔叶林的建群种主要是栎属 (*Quercus*)、桦属 (*Betula*)、杨属 (*Populus*)、黄檗属 (*Phellodendron*)、核桃属 (*Juglans*)、赤杨属 (*Alnus*)等属中的一些种类，它们不只是落叶阔叶林的主要建群植物，也多为中国东北各类型针叶阔叶混交林中的阔叶树建群种与伴生种，并且其区系地理成分复杂多样。本流域主要阔叶树建群种的区系成分最主要的是东亚地区内的分布型，包括东亚、中国—日本、中国东部、东北—华北、东北、中国东北—俄罗斯远东区、华北等成分，占总数的大半，并且有槭 (*Acer* spp.)、椴 (*Tilia* spp.)、栎 (*Quercus* spp.)、黄檗 (*Phellodendron amurense*)等第三纪残遗的较古老成分；其次是中国东部向西分布以至于亚洲温带广布的成分，如中国东部—西部、中国东部—蒙古草原、东北—北极等成分，为数不多，是较为年轻的成分。

2.4 灌丛和灌草丛

1) 常绿灌丛

分布在东北东部山区及大兴安岭的高寒山地上，通常在亚高山带直至高山冻原的下部。建群植物有属于北极—高山成分的偃松 (*Pinus pumila*)，属于中国东北—达乌里成分的兴安圆柏 (*Juniperus davurica*)，属于旧世界温带—北极成分的西伯利亚圆柏 (*J. sibirica*)。偃松分布于北极至东西伯利亚，在东亚北部分布于亚高山至高山区域，在大兴安岭分布于海拔900～1450m山地，常在山顶与高寒石坡上成爬生状灌丛，亦可在大兴安岭1000m以上的兴安落叶松林内形成优势灌木层。

2) 落叶灌丛

在本区分布较普遍，多数是森林破坏后次生的演替中间过渡群落。建群种较多，如蒿柳 (*Salix viminalis*)、柳叶绣线菊 (*Spiraea salicifolia*)、金老梅 (*Potentilla fruticosa*)、珍珠梅 (*Sorbaria sorbifolia*)、胡枝子 (*Lespedeza bicolor*)、山杏 (*Prunus sibirica*)、小叶锦鸡儿 (*Caragana microphylla*) 等。本区落叶灌丛主要建群种的分区成分最主要的仍是东亚地区的成分，包括中国—日本，中国东部、东北—华北、东北、中国东北—俄罗斯远东区、华北等分布型，约占总数一半；其次是分布于高寒山地，联系于北极、西伯利亚和欧亚大陆等北方的成分，约为总数的1/3，最后是西部干旱地区或与之密切相关的成分，为数较少，但它们在中国东北较干旱区域区系的群落中起着非常重要的作用。

3) 灌草丛

黑龙江流域常见的灌草丛是由中国—日本—蒙古草原成分的野古草 (*Arundinella hirta*)、华北蒙古草原成分的丛生隐子草 (*Cleistogenes caespitosa*)、亚洲温带成分的芒草 (*Miscanthus sinensis*) 等植物组成的，其间常散生少量生长矮小的灌木。此类型多由阔叶林或灌丛遭反复砍伐或火烧而导致立地水土流失、土壤日益瘠薄、生境趋于干旱所形

白桦林下的兴安杜鹃

成的次生植被类型。若停止破坏，经过长期封育，灌草丛一般可逐渐恢复为灌丛，甚至进一步演替为阔叶林。

2.5 草原

草原是在温带半湿润半干旱和干旱的气候条件下发育起来的，由旱生或中旱生草本植物(有时为旱生小半灌木)为主组成的一种植被型。黑龙江流域草原植被是欧亚草原的最东部分，包括以草甸草原植被为主的东北平原区及以典型草原植被为主的东蒙古典型草原的最东段，建群植物主要是禾本科的针茅属(*Stipa*)、赖草属(*Leymus*)、羊茅属(*Festuca*)、隐子草属(*Cleistogenes*)，菊科的线叶菊属(*Filifolium*)、蒿属(*Artemisia*)等属的一些种类。其中草甸草原的建群种以贝加尔针茅(*Stipa baicalensis*)、羊草(*Leymus chinensis*)和线叶菊(*Filifolium sibiricum*)为主，典型草原的建群种则是以大针茅(*Stipa gigantea*)和阿尔泰针茅(*Stipa baicalensis*)为主。这些建群种是以来自西伯利亚和欧亚以至北美大陆的北方成分，包括欧亚草原连续分布成分占多数；其次是达乌里—蒙古至亚洲温带广布成分。这两大类成分在黑龙江省草原植被的建群中起着非常重要的作用，而在发生上则比较年轻。

按照《中国植被》的植被分类系统，黑龙江流域分布有草甸草原、典型草原、荒漠草原3个植被亚型6个群系组11个群系。黑龙江省草原资源丰富，草原面积为753.18万hm^2，位

大兴安岭大草甸

翠南报春

居全国第7位，主要分布于嫩江平原、三江平原和东北部的山区半山区。

2.6 沼泽

沼泽主要分布于穆棱—三江平原，其地带性植被为红松阔叶混交林，但因地势低而平坦，海拔高仅（34）50～60m，坡降仅在1/10000～3/10000之间，加以河流的泛滥和地表径流缓慢，排泄不畅，地下有渗透性很差的黏土层，因此，地表常有不同程度的积水，形成大面积的隐域性的（非地带性的）沼泽植被。植物组成单纯，其中大部分是适于水湿生境的沼生、湿生植物，以小叶樟（*Deyeuxia angustifolia*）、乌拉苔草（*Carex meyeriana*）、修氏苔草（*C. schmidtii*）、毛果苔草（*C. lasiocarpa*）、漂筏苔草（*C. pseudo-curaica*）、芦苇（*Phragmitis communis*）、毛水苏（*Stachys baicalensis*）、鸡头米（*Euryale ferox*）、丛桦（*Betula fruticosa*）和沼柳（*Salix rosmarinifolia* var. *brachypoda*）等为主，只有岗地或残丘分布有小面积岛状森林，其组成多以蒙古栎（*Quercus monglica*）为主的阔叶落叶林，伴生有山杨（*Populus davidiana*）、白桦、紫椴、糠椴（*Tilia mandschurica*）、黄檗和水曲柳。

2.7 草甸

草甸植被广布于黑龙江流域的低平地、山地丘陵、湿地、盐化土壤以及亚高山以至高山之上，建群种类以禾本科最多，其次为菊科、蔷薇科、豆科、藜科、蓼科、莎草科、毛茛科、百合科等植物。其中主要建群植物有地榆（*Sanguisorba officinalis*）、裂叶蒿（*Artemisia tanacetifolia*）、鹅绒委陵菜（*Potentilla anserina*）、拂子茅（*Calamagrostis epigejos*）。

第二章 黑龙江野生观赏植物资源

黑龙江省从南到北横跨中温带和寒温带两个热量带，从东部山地到西部平原，包括湿润、半湿润、半干旱三个区。各地水热条件不同，地形复杂，植物的生境各异。

1 野生观赏植物的区域分布

由于黑龙江省特殊的地理位置，由地貌类型和气候、土壤诸因素组成的自然环境的综合作用，形成独特的生物多样性特征。全国8个植被区，本省就有3个。例如大兴安岭地区为我国最寒冷地区，最低温度达－52℃，最暖月份7月为15～20℃，有时7～8月可见霜冻。高寒的气候条件下孕育着极其丰富的早春抗寒野生花卉种质资源。据初步调查，大兴安岭中南部有野生花卉约250种；大庆地区草原植物300余种，有80%是宿根花卉；牡丹江地区可作花卉种植的有120多种。

以黑龙江省气候分异及地貌特征为基础，结合各植被区域野生花卉的生态特征，将黑龙江省野生观赏植物划分为 4个区，即西北部山地半干旱气候区；北部及东南部山地、丘陵半湿润一半干旱气候区；西部草原、草甸半干旱气候区；东部平原、沼泽湿润一半湿润气候区。

1.1 西北部山地半干旱气候区

此区包括塔河、黑河、漠河等市县，以大兴安岭为主体，河谷宽阔、山势和缓，气温全国最低，气候具显著大陆性。地带性植被为寒温带针叶林。由于气候条件的限制，本区野生花卉植物种类较少，但抗寒性较强，这一优良品质对寒地城市绿化有极其重要的意义。

在本区以兴安落叶松 (*Larix gmelinii*) 为主的山地寒温带针叶林带，木本花卉较发达，草本花卉种类较少。在林下可见到单花鸢尾 (*Iris uniflora*)、野火球 (*Trifolium lupinaster*)、小黄花菜 (*Hemerocallis minor*)、土三七 (*Sedum aizoon*)、小玉竹 (*Polygonatum humile*) 等。还有少量藤本植物如齿叶铁线莲 (*Clematis serratifolia*)、西伯利亚铁线莲 (*Clematis sibirica*) 等，这类生长于林下或林缘的植物对环境条件要求较严格，喜湿润、肥沃的土壤。

在这一区也分布有小面积的隐域性植被草甸、沼泽等，在这里可见到一些中生或湿生的草本花卉。如长柱金丝桃 (*Hypericum longistylum*)、毛百合 (*Lilium dauricum*)、龙胆 (*Gentiana scabra*)、草地乌头 (*Aconitum umbrosum*)、红轮千里光 (*Senecio flammeus*)、

伞花山柳菊 (*Hieracium umbellatum*)、千屈菜 (*Lythrum salicaria*)、驴蹄菜 (*Caltha palustris*) 等，这类中生或喜湿的植物适应性较强，一般在湿润的土壤中生长良好。

随着海拔的升高，气温、湿度、土壤等生态因子的变化，野生花卉的种类及数量越来越少。在海拔1250m以上的山地寒温性针叶疏林带，基本上看不到美丽的野生花卉，林下仅见有少量的红花鹿蹄草 (*Pyrola incarnala*)、舞鹤草 (*Maianthemum bifolium*)、七瓣莲 (*Trientalis europaea*) 等。在海拔1400m以上的亚高山矮曲林带，可见兴安桧 (*Sabina davuricus*)、东北岩高兰 (*Empetrum nigrum*)、西伯利亚圆柏 (*Juniperus sibirica*) 等几种灌木；草本植物仅有刺虎耳草 (*Saxifraga bronchialis*)、北马先蒿 (*Pedicularis labradorica*)、矮耧斗菜 (*Aguilegia flabellata* var. *pumila*) 等，这些植物植株矮小，可作地被或岩石园用植物，但由于其长期适应寒冷干旱气候，在城市引种应用较难。

1.2 北部及东南部山地、丘陵半湿润半干旱气候区

此区境内山峦重叠，形成复杂的山区地形。主要山脉包括小兴安岭、完达山、张广才岭、老爷岭及太平岭等山脉，地属伊春、鹤岗、佳木斯、鸡西、七台河、牡丹江等市县。这些山脉海拔大多不超过1300m，只有张广才岭的主峰高达海拔1600m。地理上处于欧亚大陆东缘、濒临日本海，具温带半湿润季风气候特征。降雨量较大，夏季气温较高，形成适于植物生长的气候条件。野生花卉种质资源较丰富。地带性植被是以红松 (*Pinus koraiensis*) 为主的温带针阔叶混交林。

此区野生花卉资源十分丰富，多分布于低山丘陵的林缘、河谷及山坡草地上，花色多而艳丽。在疏林下，林缘灌丛间，常见的有毛百合、剪秋罗 (*Lychnis fulgenus*)、朝鲜一枝黄花 (*Solidago pacifica*)、翠南报春 (*Primula sieboldlii*)、草地乌头 (*Aconitum paishanense*)、长柱金丝桃、尖萼耧斗菜 (*Aquilegia oxysepala*)、轮叶婆婆纳 (*Veronica spuria*)、聚花风铃草 (*Campanula glomerata*)、紫斑风铃草 (*Campanula punctata*)、落新妇 (*Astilbe chinensis*)、东北铁线莲 (*Clematis mandshurica*)、柳兰 (*Chamaenerion angustifolium*) 等。这些野生花卉的适应性较强，引种多易成功。

本区的林下，还可见铃兰 (*Convallaria keiskei*)、荷青花 (*Hylomecon japonica*)、银线

龙胆

草 (*Chloranthus japonicus*) 等植物。这类生长在林下的植物，对环境条件要求较严格，喜湿润肥沃土壤、凉爽湿润气候及光照较弱的环境。

在这一地区的林缘、山坡和草地上，还分布有丰富的早春野生花卉资源。如乌苏里毛茛 (*Ranunculus ussuriensis*)、回回蒜毛茛 (*Ranunculus chinensis*)、东北延胡索 (*Corydalis ambigua* var. *amurensis*)、球果紫堇 (*Corydalis pallida*)、齿瓣延胡索 (*Corydalis turtschaninovii*)、驴蹄草(*Caltha palustris* var. *membranacea*)、毛金腰子 (*Chrysosplenium pilosum*)、侧金盏 (*Adonis amurensis*)、东北扁果草 (*Isopyrum manshuricum*)、多被银莲花 (*Anemone raddeana*)、黑水银莲花 (*Anemone amurensis*)、紫花地丁 (*Viola philippica*)、三花顶冰花 (*Gagea triflora*)、平贝母 (*Fritillaria ussuriensis*)等。这些早春花卉不仅抗寒性强、花期早，而且花型奇特、花色艳丽，具有极高的观赏价值，是寒地城市绿化的珍贵种质资源，对改善城市景观有重要作用。

1.3　西部草原、草甸半干旱气候区

本区包括哈尔滨市、大庆市、齐齐哈尔等市，三面环山，东部为张广才岭、西部为大兴安岭，北部为小兴安岭，地势低而平坦。海拔在100～150m之间，其相对高度仅数米。季风气候，冬季严寒少雪，夏季温暖多雨，年蒸发量大，形成大陆半干旱气候。基本植被由草甸、草原、盐生植被、碱生植被交替镶嵌而成的复合植被。土壤除黑土外尚有碱土、盐土。

本区野生花卉资源多喜光、耐干旱，适应性较强，其中一些种类耐盐碱，对于本区的城市绿化有重要意义。植物多数是旱生及旱中生型。在丘陵坡地、台地及山前平原，常见的种类有小黄花菜、蒙古白头翁 (*Pulsatilla ambigua*)、黄芩 (*Scutellaria baicalensis*)、鳞叶龙胆 (*Gentiana squarrosa*)、猫儿菊 (*Achyrophorus ciliatus*)、全缘橐吾 (*Ligularia mongolica*)、阿尔泰狗娃花 (*Heteropappus altaicus*)、桔梗 (*Platycodon grandiflorum*) 及葱属 (*Allium* spp.)、委陵菜属 (*Potentilla* spp.) 和堇菜属 (*Viola* spp.)；在丘陵顶部，坡地中上部及高台地的边缘，还可见射干 (*Belamcanda chinensis*)、大花飞燕草 (*Delphinium grandiflorum*)、野罂粟 (*Papaver nudicaule*)、野亚麻 (*Linum stelleroides*)、细叶白头翁 (*Pulsatilla turczaninovii*) 等中旱生植物。

另外在土壤盐渍化或碱化地区，还分布有马蔺 (*Iris lactea* var. *chinensis*)、水葫芦苗 (*Ranunculus cymbalaria*)、华蒲公英 (*Taraxacum sinicum*)、狗舌草 (*Senecio kirilowii*)、罗布麻 (*Apocynum venetum*) 等耐盐碱植物。这些植物对于盐碱地绿化有重要意义。

1.4　东部平原、沼泽湿润半湿润气候区

本区包括两部分，即完达山以北由黑龙江、松花江、乌苏里江冲积而成的三江平原和完达山以南由穆棱河、七虎林河、阿布沁

河、乌苏里江、兴凯湖共同作用下所形成的穆棱—兴凯平原。同江、饶河、富锦、虎林等市县属于这一地区。本区气候条件与小兴安岭、张广才岭基本相同，但因地势低而平坦，排水不畅，形成了大面积的隐域性沼泽植被。本区湿生及水生花卉资源较丰富。在沼泽地上，常见的湿生、沼生植物有燕子花 (*Iris laevigata*)、睡菜 (*Menyanthes trifolia*)、眼子菜 (*Potamogeton tepperi*)、沼地马先蒿 (*Pedicularis palustris*)、毛水苏 (*Stachys baicalensis*)、鸢尾 (*Iris dichotoma*)、驴蹄菜、千屈菜 (*Lythrum salicaria*) 等。该区水生花卉资源较丰富，代表种有睡莲 (*Nymphaea tetragona*)、鸡头米 (*Euryale ferox*)、狭叶慈姑 (*Sagittaria trifolia* var. *angustifolia*)、泽泻 (*Alisma orientale*)、萍蓬草 (*Nuphar pumilum*)、花蔺 (*Butomus umbellatus*)、雨久花 (*Monochoria korsakowii*) 等，其中荷花 (*Nelumbo nucifera*) 最为著名，在虎林、同江、萝北、方正、肇源、东方红林业局、鸡西等地有分布，是珍贵的水生植物资源。在旅游景点的人工湖及水池都可栽培，引种易成功。

2 野生观赏植物分布特点

黑龙江省在我国最北方，是我国独特的高纬度、高寒地区，寒冷的气候条件决定着这里生存着抗寒的种质资源，这是我们的宝贵财富。但是由于生态环境的破坏，目前已经引起了一些种的消退。

黑龙江勃利秋景

黑龙江省早春野生花卉的抗寒性强、开花早，是南方花卉所无法代替的。大兴安岭林区、小兴安岭、张广才岭等地区具有典型的寒温带大陆性气候，生长着多种耐寒、观赏价值高的植物，据统计有1300多种。这些花卉休眠期在－35～－40℃低温下能安全越冬，幼芽萌动期能耐－1～－15℃低温，花期能耐0～－8℃低温。如侧金盏花（*Adonis amurensis*）在哈尔滨3月中旬开花，花期常遇大雪和土壤结冻，黄花在白雪映照下显得更加艳丽，别具特色，毫无冻害。山芍药(*Paeonia obovata*)在最高温度达到5℃，最低温度－8℃时出土，花朵被雪覆盖亦不凋谢。其他如大花杓兰（*Cypripedium macranthum*）、白头翁(*Pulsatilla chinensis*)、耧斗菜（*Aquilegia*

柳兰

spp.)、翠南报春（*Primula sieboldii*）、荷青花（*Hylomecon japonica*）、兴安杜鹃（*Rhododendron daurica*）等从3月中旬开始陆续开花，与黑龙江省目前栽培的花卉花期比较，可提早观花期1～2个月，可增加黑龙江省观花期和绿色期的时间。另外，这些早春野生花卉具有形姿优美、花朵艳丽、适应性强、分布广等特点，是补充早春木本花卉不足行之有效的办法。

这些早春野生花卉，株、叶、花奇特别致，花色、叶色、果色丰富艳丽，是目前栽培花卉无法代替的，多数种类可以作为园林绿化的主体材料，是布置假山、岩石园、花径、庭园、街道、公园的极好素材。有的种类兼有观花观果的效果，如黄花忍冬（*Lonicera chrysantha*）、蓝靛果忍冬（*Lonicera caerulea* var. *edulis*）、野梨（*Pyrus ussuriensis*）、山荆子（*Malus baccata*）、山杏（*Armeniaca sibirica*）、欧李（*Prunus humilis*）、东北杏（*Armeniaca mandshurica*）、郁李（*Prunus japonica*）、长梗郁李（*Prunus japonica* var. *nakai*）等，可以作花坛的背景材料，也可布置成灌木群。有的种类可以作为花坛的主体材料，如翠南报春、白头翁、楼斗菜、侧金盏花、兴安白头翁（*Pulsatilla dahurica*）、山芍药、珠果黄堇（*Corydalis speciosa*）、白屈菜（*Chelidonium majus*），可按它们的株高、花期、花色排开，配置野生花坛，不仅能收到观赏效果，而且这些宿根花卉，可以一次播种，多年受益。有的种类是很好的地被植物，如莓叶委陵菜（*Potentilla fragarioides*）、东方草莓（*Fragaria orientalis*）、活血丹（*Glechoma longituba*）、紫花地丁、马蔺等，其植株矮小，有的紧贴地面，群体整齐，植株致密，易于蘖生蔓延，展叶早，绿色期长，在园林风景中可以覆盖地面，占据地盘，扩大绿地面积，减少杂草丛生。有的种类可以作为绿篱、刺篱的良好材料，如东北扁核木（*Prinsepia sinensis*）、茶条槭（*Acer ginnala*）。茶条槭5 月上旬展叶，夏季叶色浓绿，秋天叶变成红色，树冠易修剪整形，可用来作为彩叶篱。

翠南报春

黑龙江的野生花卉资源极其丰富，可用于园林绿化的野生花卉主要有楼斗菜、白屈菜、连钱草、白头翁、夏至草（*Lagopsis supina*）、侧金盏花、紫花地丁、射干（*Belamcanda chinensis*）、萱草（*Hemerocallis fulva*）、展枝唐松草（*Thalictrum squarrosum*）、马齿苋（*Portulaca oleracea*）、高山蓍（*Achillea alpina*）、莓叶委陵菜、鼠掌草（*Geranium sibiricum*）、蝙蝠葛（*Menispermum dauricum*）、裂叶牵牛（*Pharbitis limata*）、打碗花（*Calystegia hederacea*）、葶苈（*Draba nemorosa*）、荠菜（*Capsella bursa-pastoris*）、蒲公英（*Taraxacum mongolicum*）、千屈菜（*Lythrum salicaria*）、全叶马兰（*Kalimeris integrifolia*）、玉簪（*Hosta plantaginea*）、落新妇（*Astilbe chinensis*）、东方蓼（*Polygonum orientale*）、地榆（*Sanguisorba officinalis*）、寸草苔（*Carex duriuscula*）、牛蒡（*Arctium lappa*）、地肤、还阳参（*Crepis rigescens*）、曼陀罗（*Datura stramonium*）、萝藦（*Metaplexis japonica*）、铁线莲（*Clematis florida*）等种类。

有的野生花卉抗性强，如射干、马齿苋、萝藦、白屈菜、紫花地丁等；有的野生花卉养护、繁殖容易，如东方蓼、射干、曼陀罗、地肤、还阳参、夏至草等。此外，多数野生花卉种类都具有花期长、花色多、种类丰富、抗性强、繁殖容易等特点，园林观赏价值较高。

各论

INDIVIDUAL DESCRIPTION

垫状卷柏

Selaginella tamariscina (Beauv.) Sping var. *pulvinata*

别名：万年青　还魂草　一把抓　老虎爪　长生草
科属：卷柏科卷柏属

多年生常绿草本蕨类植物，高5～20cm。主茎粗短直立，下面密生须根，顶端丛生小枝，呈莲座状。叶2型，覆瓦状密生，侧叶披针状钻形，叶下龙骨状，顶端有长芒，具微锯齿。中叶2行，表面绿色，背面淡绿色。孢子囊穗生枝顶，四棱形，孢子叶三角形，孢子囊肾形。

生于向阳山坡疏林下、岩石上；耐旱、耐寒。

可作稀疏林下地被植物及案头盆栽小盆花；全草入药。

垫状卷柏

问　荆

Equisetum ervense L.

别名：锉草　节骨草　笔头草
科属：木贼科问荆属

多年生蕨类植物。营养茎在孢子茎枯黄后出生，高15～60cm，有棱脊6～16条。株直立，叶片2型。叶退化，其下部联合成鞘，鞘齿披针形，黑色膜质。分枝轮生。孢子茎于早春先出，紫褐色，肉质，孢子穗长2～3.5cm。孢子叶六角形，盾状着生，螺旋形排列。

生于林下、草地或沟边；喜湿润而光线充足的环境，宜中性土壤。

可植于山坡、水溪边，也可盆栽观赏；全草入药。

木　贼

Equisetum hiemale L.

别名：锉草　节节草
科属：木贼科木贼属

多年生蕨类植物，高30～100cm。地下茎横生，地上茎有节，节间中空，杆状分裂，深绿色，直径约6mm，有8～30条纵沟，枝每向上5～6cm有节，表面粗糙。叶褐色，膜质，轮生于各节；孢子囊穗圆锥形，着生枝顶。

生于山坡林下、河岸；喜阴湿。

可作山坡、半阴处地被植物，也可配作切花；亦可用以擦拭器皿，使其光亮。全草入药。

木贼

问荆

问荆

桂皮紫萁

桂皮紫萁

Osmunda cinnamomea L. var. *asiatica* Fer.

别名：牛毛广　薇菜　紫萁　贯众

科属：紫萁科紫萁属

陆生蕨类，植株高50～100cm。根茎粗短或具粗肥圆柱形的主轴。叶丛生，二型；营养叶柄禾秆色，干后淡棕色，长20～40cm；叶片二回羽状深裂，长圆形或狭椭圆形，长35～60cm，宽12～24cm；羽片12～20对，近对生，无柄，基部有关节，线状披针形或披针形，长8～12cm，宽1.2～2.4cm；裂片12～14对，长圆形，长约1cm，宽4～6mm，全缘，纸质，幼时有淡棕色绒毛；中脉明显，侧脉二叉分枝；孢子叶柄长24～40cm；叶片二回羽状，长20～40cm，宽3～4cm；羽片12～14对，紧缩成线形，背面密被暗棕色的孢子囊。

桂皮紫萁

生于沼泽地或潮湿山谷。

可作室内盆栽、切花或露地阴生观赏。

掌叶铁线蕨

掌叶铁线蕨

Adiantum pedatum L.

科属：铁线蕨科铁线蕨属

多年生蕨类植物，高40～60cm。根状茎斜生或横卧，顶部有褐棕色阔披针形鳞片。叶为羽状复叶，近簇生，草质，无毛；小羽片近三角形，背面灰绿色，上缘浅裂并有钝齿，叶脉扇状分叉；叶柄栗红色，基部具密鳞片。孢子囊群生于由裂片顶部反折的囊群盖下面。

生于林下或林缘土质肥沃、排水良好的山坡；喜阴湿。

可作室内盆栽、切花及露地阴生植物；全草入药。

掌叶铁线蕨

粗茎鳞毛蕨

Dryopteris crassirhizoma Nakai

别名：绵马鳞毛蕨　贯众　野鸡膀子　广东菜　牛毛广

科属：鳞毛蕨科贯众属

多年生大型蕨类植物，株高1m余。根状茎短而直立，先端密被鳞片。叶簇生，裂片长圆或侧披针形，2回羽状分裂，叶片长达10cm，羽片多达30对以上，近无柄；裂片长圆形，先端钝，近全缘，革质，两面被鳞片。孢子囊群圆肾形，近主脉着生，囊群盖马蹄形。

生于林下、林缘及亚高山带，生长顽强；喜湿润、半荫环境。

适于盆栽，观赏价值上乘。根状茎入药。

乌苏里瓦韦

乌苏里瓦韦

Lepisorus ussuriensis (Regel. et Maack.) Ching

科属：水龙骨科瓦韦属

植株高10～15cm，根状茎细长横走，密被鳞片；鳞片披针形，褐色；叶柄长1.5～5cm，禾秆色或淡棕色至褐色；叶片线状披针形，长4～13cm，边缘略反卷，纸质或近革质；主脉上下隆起，小脉不显。

附生林下或山坡阴处岩石缝，海拔750～1500m处。

可作山水盆景植物应用。

粗茎鳞毛蕨

粗茎鳞毛蕨

红皮云杉

红皮云杉

Picea koraiensis Nakai

别名：红皮臭松
科属：松科云杉属

乔木，高达30m以上，胸径60～80cm；树皮灰褐色或淡红褐色，很少灰色；大枝斜伸至平展；叶四棱状条形，球果卵状圆柱形或长卵状圆柱形，成熟前绿色，成熟时绿黄褐色至褐色，长5～8cm，径2.5～3.5cm；中部鳞倒卵形或三角状倒卵形。花期5～6月，果期9～10月。

分布于大小兴安岭，海拔400～1800m处。

树干用作木材。可用作行道树及庭院观赏。

红松

红　松

Pinus koraiensis Sieb.

别名：果松　海松　朝鲜松
科属：松科松属

国家重点保护野生植物。常绿乔木，高达30～40m。树冠圆锥形，树皮红褐色，鳞状开裂；小枝暗褐色，密生锈褐色绒毛；芽圆状卵形，赤褐色。叶针形，叶鞘早落；5针一束，横断面三角形。

生于排水良好的湿润山坡。

可作风景林和庭院绿化的观赏树种；名贵用材树种；树皮可提取栲胶；树节及根可作松节油及松香；种仁可食；种子、花粉可作保健食品。树皮、针叶及种子入药。

红皮云杉

偃　松

Pinus pumila (Pall.) Regel.

科属：松科松属

灌木，高达3～6m，胸径20cm，树干多伏卧状。花期6～7月，次年9～10月种熟。品种有‘矮蓝’偃松、‘粉叶’偃松。

产东北长白山海拔1800m以上，小兴安岭1000m以上及大兴安岭600～1000m等土层浅薄、寒冷地带。性耐寒，耐瘠薄，喜荫湿。在东北之亚高山上与西伯利亚刺柏（矮桧）等混生，形成茂密矮林。

树干横卧，偃伏多姿，宜在山坡上、山石间栽种，布置庭园；或行盆栽，整枝成盆景。在北方风景区中，可种于山脊或山顶，对保持水土、美化山容均有积极作用。木材、树根可提松节油。种子可食，亦可榨油。

偃松

偃　柏

Sabina chinensis (L.) Ant. var. *sargentii* (Henry) Cheng et Fu

别名：偃桧　鹿角桧

科属：柏科圆柏属

常绿匍匐灌木，小枝上升呈密丛状。叶2型，幼树为针叶，常交叉对生，长3～6mm，排列较紧密，先端钝尖。球果2年成熟，浆果状，浅蓝色微有白粉。花期4月。

生于亚高山带海拔约1400m处。

观赏树种，可作公路隔离带和庭院、公园绿化材料。

偃柏

偃松

胡桃楸

胡桃楸

胡桃楸

Juglans mandshurica Maxim.

别名：核桃楸　楸子　山核桃
科属：胡桃科胡桃属

落叶乔木，高可达20m。树冠阔卵形，树皮光滑，浅裂。奇数羽状复叶，小叶9～17，叶缘细锯齿，背面密生柔毛和星状毛。多单株生于阔叶混交林或杂木林中，少有沿河谷形成小片林的。

绿化和观赏树种及珍贵用材树种；胡桃仁既是营养价值极高的食品，又可入药。

胡桃楸

枫　桦

Betula costata Trautv

别名：千层桦　黄桦　硕桦
科属：桦木科桦木属

乔木。高达35m，胸径达90cm；外皮黄白色，多层反卷剥落，裂片纸质，极不规则，常构成多层重叠的硬块，裂片质薄而脆，同时还具有油亮光泽，与白桦粉白色质厚而韧的裂皮不同。直径较小的树木，外皮表面肉红色，常呈单层翘起反卷爆裂，不构成厚层的裂块。内皮淡黄褐色，质脆硬。

生于海拔600～2400m的山坡或散生于针叶阔叶混交林中。

绿化及观赏树种。

枫桦

枫桦

枫桦

岳　桦

Betula ermanii Cham.

科属：桦木科桦木属

乔木。高8～15m。叶三角状卵形至卵形，长2～7cm，宽1. 2～5cm，先端急尖至渐尖，基部圆形、圆截形、宽楔形或近心形，边缘有重粗锐齿，上面疏生毛，下面无毛，密生腺点，侧脉8～12对；叶柄长1～2.4cm。果序直立，单生，短圆柱状或矩圆状，长1.5～2.7cm，直径0.8～1.5cm；果序柄长3～6mm；果苞长5～8mm，边缘密生长纤毛，中裂片倒披针形或披针形，侧裂片矩圆形，几直立或微开展，较中裂片稍短；翅果倒卵形或长卵形，膜质翅较果窄1/2～2/3。

生于山坡。

木材坚硬，可供建筑用材。绿化及观赏树种。

岳桦

岳桦

白　桦

Betula platyphylla Suk.

别名：粉桦

科属：桦木科桦木属

乔木，高可达27m，树皮灰白色，成层剥裂；枝条暗灰色或暗褐色；小枝暗灰色或褐色；叶厚纸质，三角状卵形、三角状菱形或三角形，少有菱状卵形或宽卵形，长3～9cm，宽2～7.5cm，边缘具重锯齿，有时具缺刻状重锯齿或单齿；果序单生，圆柱形或矩圆状圆柱形，通常下垂，长2～5cm，直径6～14cm；序梗细瘦；果苞长5～7mm，边缘具短纤毛；小坚果狭矩圆形、矩圆形或卵形，长1.5～3mm，宽1～1.5mm；背面疏被短柔毛，膜质翅较果长1/3。

生于海拔400～4100m处。

用作木材、绿化及观赏树种。

榆树

榆树

榆树

榆　树

Ulmus pumila L.

别名：白榆　家榆

科属：榆科榆属

落叶乔木，高达25m，胸径1m，幼树树皮平滑，灰褐色或浅灰色，大树皮暗灰色。小枝无毛或有毛，淡黄灰色、淡褐色或灰色。冬芽近球形或卵圆形。叶椭圆状卵形、椭圆状披针形，先端渐尖，边缘具重锯齿。翅果近圆形。花果期3～6月。

生于海拔1000～2500m以下的山坡、山谷、川地、丘陵及沙岗等处。

用于城乡绿化以及木材。

白桦

白桦

狭叶荨麻

Urtica angustifolia Fisch. ex Hornem.

别名：蛰麻子　细荨麻　小荨麻

科属：荨麻科荨麻属

多年生草本，高40～150cm。茎直立，四棱形，有蛰毛，分枝或不分枝。叶对生；叶片披针形，叶缘及背面沿脉疏生短毛；叶柄长0.5～2cm，托叶分生，条形。雌雄异株，花序约长4cm，多分枝；雄花直径约2mm，雄蕊4；雌花小于雄花，花被片4，柱头画笔头状。瘦果卵形，扁，长约1mm，光滑。

生于路边、宅旁、河沟边。

地上部分入药；茎皮纤维可作纺织原料。可作花境应用。

狭叶荨麻

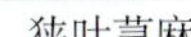

狭叶荨麻

银线草

Chloranthus japonicus Sieb.

别名：独摇草　四叶细辛

科属：金粟兰科金粟兰属

多年生草本，高20～50cm。茎直立，单生或数枚丛生，株无毛，下部节上对生2鳞片状小叶。叶4片，生茎顶，呈假轮生状；叶倒卵形或椭圆形，边缘具尖锯齿，两面无毛，网脉明显。穗状花序单一顶生；花白色；雄蕊3枚；子房1，卵形。核果倒卵圆形，绿色。花期5～6月；果期7月。

生于山坡林下、沟边草丛；喜湿润处。

可作早春花卉；根入药。

银线草

银线草

银线草

两栖蓼

Polygonum amphibium L.

科属：蓼科蓼属

多年生草本。茎横走，无毛，节部生根。托叶鞘长筒形，先端截形，叶柄长，叶片浮于水面，长圆形或广披针形，长5～12cm，宽2.5～4cm，基部常心形，稀圆形，先端钝尖或微圆形，稀锐尖，表面中脉凹下，侧脉与中脉几乎成直角伸出，有光泽，背面叶脉凸起，色稍浅。花序托出水面，通常顶生，单一，广椭圆形或圆柱形，长2～4cm，具花序梗，有时自花序梗的节上抽出一较小的花穗，粉红色，稀白色，苞片三角形，内着生3～4花，花有花梗，花被 5裂，覆瓦状排列，裂片长约4mm；雄蕊5，较花被片短，与其互生，花柱2，基部合生，花柱2，基部合生，突出于外；子房倒卵形，略扁平，淡红色。坚果，倒卵形，黑色，有光泽，两侧凸起。

生于水泡及河流中。

可用于庭院美化，或与低矮观赏植物相间种植，布置花境。

两栖蓼

拳蓼

拳　蓼

Polygonum bistorta L.

别名：拳参　草河车　红蚤休
红内消

科属：蓼科蓼属

多年生草本，高40～100cm。根茎肥厚，通常弯曲横生，呈拳卷状，近地面处常有残存的叶柄和纤维状破碎的托叶鞘。茎单生，直立，无毛。基生叶有长柄，披针形至广针形，长7～15cm，宽2.5～5cm，先端狭尖或急尖，基部圆钝或截形，沿叶柄下延成狭翅，边缘外卷，两面无毛；上部叶无柄，狭条形或披针形；托叶鞘筒状，膜质。总状花序呈穗状，顶生，圆柱状；小花密集，花梗纤细；苞片卵形，淡褐色，膜质；花淡红色或白色；花被5深裂，裂片椭圆形；雄蕊8枚，与花被近等长；花柱3。瘦果椭圆形，有3棱，红褐色，有光泽。花期6～9月，果期8～10月。

生于海拔1000m以上的山坡林下或路旁草丛中。

根茎入药，具清热、散结、消肿功能，主治痢疾、口腔炎、淋病、白带、痈疖肿毒、毒蛇咬伤等。可用于庭院美化，或与低矮观赏植物相间种植，布置花境。

拳蓼

水　蓼

Polygonum hydropiper L.

别名：辣蓼

科属：蓼科蓼属

一年生草本，高40～80cm。茎直立或倾斜，多分枝，无毛。叶有短柄；叶片披针形，长4～7cm，宽5～15mm，顶端渐尖，基部楔形，全缘，通常两面有腺点；托叶鞘筒形，膜质，紫褐色，有睫毛。花序穗状，顶生或腋生，细长，下部间断；苞片钟形，疏生睫毛或无毛；花疏生，淡绿色或淡红色；花被5深裂，有腺点；雄蕊通常6；花柱2～3。花期7～8月。瘦果卵形，扁平，少有3棱，有小点，暗褐色，稍有光泽。

生于湿地、水边或水中。

可用于布置湿地景观。

酸模叶蓼

Polygonum lapathifolium L.

别名：旱苗蓼　大马蓼　柳叶蓉

科属：蓼科蓼属

一年生草本，高30～200cm。茎直立，上部分枝，粉红色，节部膨大。叶片宽披针形，大小变化很大，顶端渐尖或急尖，表面绿色，常有黑褐色新月形斑点，两面沿主脉及叶缘有伏生的粗硬毛；托叶鞘筒状，无毛，淡褐色。花序为数个花穗构成的圆锥花序；苞片膜质，边缘疏生短睫毛，花被粉红色或白色，4深裂；雄蕊6；花柱2裂，向外弯曲。瘦果卵形，扁平，两面微凹，黑褐色，光亮。花期6～8月，果期7～10月。

生于近水草地、流水沟中或阴湿地。

可用于布置湿地景观。

水蓼

水蓼

酸模叶蓼

酸模叶蓼

耳叶蓼

Polygonum manshuriense V. Petr. ex Kom.

科属：蓼科蓼属

多年生草本。根状茎短，肥厚，弯曲，黑色。茎直立，高60～80cm，不分枝，基生叶长圆形或披针形，边缘全缘。叶柄长15cm；茎生叶5～7，披针形。总状花序穗状，顶生。苞片卵形，膜质。每苞内2～3花；花梗长4～5mm。花被5深裂，淡红色或白色。花期6～7月，果期8～9月。

生于山坡草地、林缘、山谷湿地。

可用于庭院美化，也可与低矮观赏植物相间种植观赏。

节蓼

节　蓼

Polygonum nodosum Pers.

别名：大马蓼　马蓼

科属：蓼科蓼属

植株较矮小，高约30cm。茎上密被深紫色细点，无毛或有绒毛。叶片为椭圆状披针形至披针形，上面无毛或在脉上有稀少的毛，下面有腺点或柔毛。瘦果黑褐色。

生于沟边、河川两岸的草地或水湿地。

可用于布置湿地景观。

节蓼

耳叶蓼

耳叶蓼

红蓼

红蓼

红蓼

箭叶蓼

红　蓼

Polygonum orientale L.

别名：荭草　东方蓼

科属：蓼科蓼属

一年生草本，高1～2m。茎直立，分枝、有节、具毛。叶互生，宽披针形，具长柄，网脉明显。圆锥花序生于枝顶或叶腋，长3～7cm，下垂；花被裂片5；雄蕊7，有呈齿状的花盘；花柱2；粉红色或白色花。瘦果圆形，扁平，黑色，包于花被内。花期7～9月。

生于河边、沟旁、荒地及宅旁；耐土质贫瘠，喜沙质地。

可用于庭院美化，也可与低矮观赏植物相间种植；全草或带根全草入药。

箭叶蓼

Polygonum sagittatum L.

别名：倒刺林　荞麦刺

科属：蓼科蓼属

一年生草本，高80cm左右，全株有倒刺。上半部近直立。四棱，带红色。叶互生，窄椭圆形至披针形，先端急尖或圆钝，基部箭形，无毛；叶柄及叶被中脉有倒钩刺；托叶鞘膜质，三角卵形。头状花序，淡粉色，成对顶生；苞片光滑；花被5片；雄蕊8个，短于花被；子房上位，花柱3裂。瘦果卵形，长约2mm，黑色，包于宿存花被之内。秋季开花。

生于河边、近水处、草丛或山坡地；喜阴湿。

地上部分可入药。可用于布置花境及湿地景观。

戟叶蓼

Polygonum thunbergii Sieb. et Zucc.

科属：蓼科蓼属

全株具疏至中度星状毛。茎倒钩。叶阔戟形，中间椭圆状，基部紧缩；叶鞘基部管状，上部水平状扩张，全缘或波状缘。花序头状。花白至粉红色。瘦果多凸透镜形或少数呈三棱形。

林缘、路边潮湿处常见。

可用于布置花境及湿地景观。

戟叶蓼

香　蓼

Polygonum viscosum Buch. -Ham. Ex D. Don.

别名：黏毛蓼

科属：蓼科蓼属

一年生草本。全株密被直立状绒毛及有柄腺体，基部老叶常脱落，茎多呈深红色。 叶披针形；叶鞘管状，具缘毛。花序穗状，小花排列紧密。花期7～9月；果期8～10月。

喜生于近水草丛或阴湿处。

可用于布置湿地景观。

戟叶蓼

香蓼

香蓼

波叶大黄

Rheum undulatum Munt.

科属：蓼科大黄属

高大草本，高1～1.5m，茎粗壮，光滑无毛。基生叶大，叶片三角状卵形或近卵形，边缘具皱波，叶上面深绿色，下面浅绿色。大型圆锥花序，花白绿色。果实三角状卵形，顶端钝，基部心形。种子卵形。棕褐色，稍具光泽。花期6月，果期7月以后。

生于海拔1000m左右。

可用作花境植物，切花应用。

香蓼

波叶大黄

波叶大黄

波叶大黄

地肤

地　肤

Kochia scoparia (L.) Schrad.

别名：绿帚　扫帚菜

科属：藜科地肤属

一年生草本，50～100cm。茎直立，多分枝，秋季由嫩绿色变成红色。幼枝有短柔毛。单叶互生，无柄；叶片线状，全缘。秋季开黄绿色小花，花两性或雌性，单或双朵生叶腋，呈稀疏的穗状花序，花被5裂。

生于村边、宅旁；喜阳光、温暖，耐碱、耐旱，不耐寒。

可作花坛、花园材料或盆栽观赏；果实入药；幼苗可作蔬菜。

反枝苋

Amaranthus retroflexus L.

别名：野苋菜　西风谷
科属：苋科苋属

一年生草本。高30～80cm。茎直立，单一或分枝，密生细毛。单叶，互生；叶柄有毛；叶片卵形或菱状卵形，先端渐尖或微凹，有小芒尖，基部楔形，近全缘，略有波状。花单性或杂性，绿白色，集成稠密的顶生或腋生的圆锥花序。有芒尖，花柱2～3。胞果球形，环裂。种子扁球形，黑色或褐色，有光泽。花期6～8月，果期8～9月。

生于田边、路旁或宅旁。

全草和种子入药。有祛风湿、清肝热之功效。用于治疗目赤肿痛、高血压等症。可作花坛、花园及切花应用。

石　竹

Dianthus chinensis L.

别名：洛阳花　石竹子
科属：石竹科石竹属

多年生草本，高30～40cm，茎直立簇生。叶条形或宽披针形。长3～5cm，花顶生于分叉的枝端；单生或对生，有时呈圆锥状聚伞花序；花瓣5，鲜红色、白色或淡粉红色。花期6～7月。

生于山坡疏林下或田间、路旁。

可作花坛、花园镶边植物及切花用；带花全草入药。

石竹

石竹

反枝苋

反枝苋

高山石竹

高山石竹

高山石竹

Dianthus chinensis L. var. *morii* (Nakia) Y.C.Chu.

科属：石竹科石竹属

矮生多年生草本，高5～10cm。叶绿色、具光泽、钝头；基生叶线状披针形，基部狭、有细齿牙；茎生叶2～5对。花单生，径5～6cm，粉红色，喉部紫色具白色斑及环纹，无香气；花期7～9月。

喜凉爽及稍湿润的环境，土壤以沙质土为好，忌排水不良。

可用于花坛、花境栽培，也可作切花；低矮型及簇生性种又可布置岩石园及镶边应用。

丝瓣剪秋罗

Lychnis wilfordii (Rogal) Maxim

别名：剪红花　剪秋罗

科属：石竹科剪秋罗属

多年生草本，高45～100cm，全株无毛或被疏毛。茎直立，不分枝或上部多少分枝。叶无柄，叶片长圆状披针形或长披针形，基部渐狭，顶端渐尖，两面无毛，边缘具粗缘毛。二歧聚伞花序稍紧密，具多数花；花直径25～30mm，花梗长3～20mm，被卷柔毛；苞片线状披针形；花萼筒状棒形，无毛，萼齿三角形，边缘膜质，具短缘毛；花瓣5枚，鲜红色，无缘毛，瓣片近卵形，深4裂；副花冠瓣片长圆形，暗红色。蒴果长圆状卵形；种子肾形，黑褐色，具棘凸。花期6～7月，果期8～9月。

可作花境、切花；全草入药。

丝瓣剪秋罗

丝瓣剪秋罗

森林假繁缕

森林假繁缕

莫石竹

Moehringia lateriflora (L.) Fenzl

别名：种阜草

科属：石竹科种阜草属

多年生草本。高5～25cm。根茎细长，匍匐，白色，分枝。茎直立，细弱，单一或分枝，稍被细毛。叶无柄，椭圆形或长圆状披针形，长1～3cm，宽3～10mm，基部狭，先端钝或稍尖，具1～3条脉。花通常1～2（3）朵成聚伞状，顶生或生上部叶腋；花梗细，长1～4cm，中部具2枚膜质苞片；萼片全缘；花瓣白色；雄蕊10；子房广卵形，花柱3。蒴果卵形，3瓣裂，裂片再2裂。花期5～7月，果期6～8月。

生于稀疏的针叶林、针阔混交林、红松林下及灌丛间。

可作花坛、花境、切花栽培，或布置岩石园及镶边应用。

森林假繁缕

Pseudostellaria sylvatica (Maxim.) Pax.

科属：石竹科孩儿参属（假繁缕属）

多年生草本，高14～28cm。茎单生或簇生，直立，近四棱形，被1列毛。叶无柄，茎下部叶线形，茎上部叶线状披针形、长圆状线形或狭披针形，长3～9cm，宽2～7mm，基部渐狭，先端长尾状尖，中脉显著，近基部边缘稍有毛。花两型：普通花单生枝顶或茎顶端叶腋，或成二歧聚伞花序，花梗细长，与叶等长或短于叶；萼片5，披针形，先端锐尖，背部和边缘稍被柔毛；花瓣5，白色，倒卵形或倒披针形；闭锁花生于茎下部叶腋，常埋在枯枝落叶下，通常3～4朵花着生在叶腋出的短枝上，比叶短，萼片线形，先端锐尖，边缘白膜质，背部及边缘具柔毛，无花瓣。蒴果广椭圆形，具短花柱，3瓣裂。种子多数，圆肾形，黄褐色，稍扁，具乳头状突起。花期5～6月，果期6～7月。

生于海拔800m以上的针阔混交林下，喜湿润、富含腐殖质的土壤。

可作花坛、花境植物应用。

莫石竹

莫石竹

匍生蝇子草

叉枝繁缕

匍生蝇子草

匍生蝇子草

Silene repens Patr.

科属：石竹科蝇子草属

多年生草本，株高30～40cm。全株有细柔毛。茎丛生，上部直立。叶对生，条状披针形，全缘。聚伞花序顶生或腋生，花梗短。花瓣5，白色。花期夏秋。蒴果卵状椭圆形。

生于山坡草地。

全草入药。可作花坛、花境植物应用。

叉枝繁缕

Stellaria dichotoma L.

科属：石竹科繁缕属

多年生草本，高60cm。茎簇生，数回叉状分歧，有脉毛。叶卵形或卵状披针形，长2～2.5cm。聚伞花序有多数花；花梗细，有柔毛；花瓣5，白色，矩圆形，和萼片近等长，顶端2裂；雄蕊10，比花瓣短；子房卵形，花柱3，丝形。

生于草地、田边、沟旁及石缝中。

花形秀美，可供观赏；根及全草入药。

银柴胡

Stellaria dichotoma L.var.*lanceolata* Bge.

别名：银胡　山菜　土参
科属：石竹科繁缕属

多年生草本，高30～40cm。茎直立，2歧分枝，节明显。叶对生，无柄，披针形，全缘。花单生，花枝长1～4cm；花小，白色；花瓣5，较萼片为短，先端2深裂，裂片长圆形。蒴果近球形，成熟时顶端6齿裂。花期6～7月；果期8～9月。

生于草原或石缝中；喜干燥。

根入药。可作园林绿化地被植物应用。

隧瓣繁缕

Stellaria radicans L.

别名：垂梗繁缕
科属：石竹科繁缕属

多年生草本，高40～60cm。全株伏生绢毛。茎直立，四棱形，叶宽披针形。二歧聚伞花序，顶生，稍大形；花瓣白色，宽倒卵状楔形，掌状5～7中裂，裂片近线形。蒴果卵形，带光泽。花果期6～9月。

生于山坡林缘、林下、灌丛及田边；喜湿润。

可作园林绿化；是营养丰富的山野菜；全草入药。

隧瓣繁缕

银柴胡

银柴胡

隧瓣繁缕

黑龙江红莲

黑龙江红莲

Nelumbo nucifera Gaertn

别名：莲　荷　蓉　芙蕖　芙蓉　菡

科属：睡莲科莲属

国家重点保护野生植物。多年生挺水草本植物。茎为地下根状茎。叶有钱叶 (也叫荷钱)、浮叶和立叶；叶片盾状圆形，上面深绿色具白粉，背面淡绿色，叶脉放射状，叶柄密被倒刺。花大芳香，红色或粉红色，萼片4～5；花瓣多枚。坚果，俗称莲子，卵形、卵圆形。花期7月15日至8月20日，果期8～10月。

生于水位相对稳定的泡泽中；喜光、喜温、喜湿、耐热。

著名观赏植物，可大面积池栽，也可盆 (缸) 栽；根状茎 (藕) 作蔬菜；莲子是滋补营养食品；叶、花、果等均入药。

黑龙江红莲

睡　莲

Nymphaea tetragona Georgi

别名：子午莲　茨碧莲

科属：睡莲科睡莲属

多年生浮叶型水生草本植物。根状茎肥厚，直立或匍匐。叶二型，浮水叶浮出水面，椭圆状圆形或卵形，叶缘波状全缘，花单生，白色。花瓣8～10枚。浆果球形。种子椭圆形。花果期6～8月。

生于浅水泡泽；喜肥、喜温暖湿润及阳光充足。

花、叶均美，可池栽或盆栽。根含淀粉，供食用和酿酒；花及根入药。

睡莲

吉林乌头

吉林乌头

吉林乌头

Aconitium kirinense Nakai

别名：江城乌头

科属：毛茛科乌头属

多年生草本。高80～120cm。茎下部被黄色长柔毛，分枝。基生叶2枚，具长柄，长20～30cm；叶片肾状五角形，长约15cm，宽约20cm，掌状3深裂，小裂片3浅裂，上部有少数尖牙齿。总状花序，长30cm；花梗长0.8～1.2cm；小苞片钻形，长1.2～4mm；花多数密集，黄色或淡黄色，花瓣具长爪，距先端膨大，略向后弯；雄蕊多数；心皮3。蓇葖果，种子三棱形。花期7～9月，果期9月。

生于山坡草地、杂木林下。

其花形独特，似头盔，非常别致，花期长，为较好的观花植物。块根入药，主治口眼歪斜、中风不语等症。有毒、慎用。

北乌头

Aconitum kusnezoffii Reichb.

别名：草乌　五毒根　小叶芦　兰花草　百叶草

科属：毛茛科乌头属

多年生草本，高70～180cm，茎直立，粗壮。叶互生，下叶柄长，上叶柄短；叶片坚纸质，3全深裂；叶裂片叉开，菱形，最终裂片线状披针形，基部楔形，先端尖，边缘具大齿牙。总状花序粗壮，有时形成圆锥花序；花萼5，鲜深蓝色，具短或长喙；花瓣2，距比唇短，近拳卷。蓇葖果5，花期7～9月；果期9～10月。

生于草甸子、灌丛、山坡阔叶林下或林缘。

可作庭院观赏、布置花境或切花；根入药。全株有毒。

北乌头

北乌头

蔓乌头

蔓乌头

Aconitum volubile Pall. ex Koelle

别名：狭叶蔓乌头　鸡头草

科属：毛茛科乌头属

多年生草本。茎缠绕，无毛。叶互生，具柄，近圆形，基部心形，掌状3全裂。总状花序顶生或腋生。花3～5朵，花序轴与花梗密被伸展毛；小苞片钻形；萼片5，蓝色或浅蓝色，上萼片高盔形，高1.8～2.7cm，具尖喙；花瓣2，无毛；雄蕊多枚；心皮5。花果期8～9月。

生于山坡草地、灌丛或林缘；喜阴湿。

可观赏；根入药。全株有毒。

类叶升麻

Actaea asiatica Hara

别名：红升麻

科属：毛茛科类叶升麻属

多年生草本，高30～80cm。根状茎横生，生多数须根。茎圆柱形，微具纵棱，中部以上被白色短柔毛，不分枝。叶2～3枚，下部的叶为三回三出近羽状复叶，轮廓三角形，宽达27cm，具长柄；顶生小叶卵形至宽卵状菱形，长4～8.5cm，3裂，边缘有锐锯齿和不规则齿裂，侧生小叶卵形至狭卵形，幼时下面有毛，渐变为无毛；上部叶形状似下部叶，较小。总状花序顶生，长2.5～4(6)cm，序轴和花梗密被白色或灰色短柔毛；苞片线状披针形；萼片4，白色，倒卵形；花瓣匙形，长2～2.5mm，下部渐狭成爪；雄蕊多数，花丝细；心皮1，与花瓣等长。果序长5～17cm；浆果球形，直径约6mm，熟后紫黑色；种子6，卵形，深褐色，具3条纵棱。

生于海拔350～3100m间山地林下或沟边阴处、河边湿草地。

可作花境材料及切花。

类叶升麻

类叶升麻

侧金盏花

Adonis amurensis Regel et Radde

别名：福寿草　冰凉花　顶冰花
科属：毛茛科侧金盏花属

多年生草本，早春开花时茎高5～15cm，以后高30～60cm。叶在花后长大，下部叶有长柄，无毛；叶片三角形，三回羽状全裂，一回裂片2～3对，末回裂片窄卵形至披针形。有短尖。花单朵顶生，直径约3cm，萼片约9，白或淡紫色，窄倒卵形，与花瓣近等长；花瓣约10，金黄色，倒卵状矩圆形。花果期4～5月。

生于山坡、草甸、疏林下或林缘。

早春彩化花卉之一；根及全草入药。有微毒。

黑水银莲花

Anemone amurensis (Korsh.) Kom.

别名：银莲花
科属：毛茛科银莲花属

多年生草本。株高20～25cm。根状茎横走，细长。基生叶1～2枚，叶柄长约10cm；叶片近三角形，3全裂，各裂片1～2回深裂。花莛无毛；苞片3，轮生，叶状；花梗长1.5～4cm，被短柔毛；花单生；萼片6～7枚，白色，长圆状或倒卵状长圆形，长约1.5cm，宽约0.5cm，无毛；雄蕊多数；心皮12枚，子房被柔毛。瘦果卵形，花柱宿存。花期5月，果期6～7月。

生于林内、灌丛、阴坡、湿地。

其花小巧清秀，植株矮小，可作地被观赏。根茎入药，有发汗、增强肾及肝功能之功效。

侧金盏花

黑水银莲花

黑水银莲花

侧金盏花

二歧银莲花

二歧银莲花

二歧银莲花

Anemone dichotoma L.

别名：草玉梅　土黄
科属：毛茛科银莲花属

多年生草本，高40～70cm，茎细、直立，中上部二歧分枝，疏生柔毛。叶对生，无柄；叶片3深裂，近全缘或具少数锐齿。2歧聚伞花序，花单生于分节分枝处；花白色略带粉红色，花径2～4cm，花梗长5～7cm。聚合果球形，瘦果狭卵形。花期5～6月；果期6～7月。

生于山坡、湿草地或丘陵；喜湿润。

早春彩化花卉之一；根状茎入药。

多被银莲花

多被银莲花

Anemone raddeana Regel

别名：竹节香附　两头尖
科属：毛茛科银莲花属

多年生草本，高约90cm。基生叶1片，有长柄；三出复叶，有柄，叶片广卵形，3～5裂，每裂片2～3浅裂，先端钝。花单生；萼片10～15，白色，长1～2cm，宽约0.5cm。花期4～5月；果期6月。

生于山坡林下；喜阴湿。

早春彩化花卉之一；根状茎入药。

多被银莲花

尖萼耧斗菜

大叶银莲花

Anemone udensis Trautv. et Mey.

别名：乌德银莲花
科属：毛茛科银莲花属

多年生草本，高30～40cm。地上茎直立，茎生叶1片，有长柄；三出复叶，小叶倒卵形或近圆形，2～3浅裂，边缘圆锯齿；花萼被毛。苞片3，轮生；花梗1，长5～10cm；萼片5，白色。花期5～6月；果期7月。

生于林缘、疏林下；喜湿润。

早春绿化花卉之一；全草入药。

尖萼耧斗菜

Aquilegia oxysepala Trautv. et Mey.

别名：血见愁　猫爪花
科属：毛茛科耧斗菜属

多年生草本，高50～100cm。茎直立，圆柱形，单一，上部分枝，平滑无毛或疏被毛。基生叶常为二回三出复叶，具长柄；茎生叶短柄或无柄，多三出复叶，小叶条状披针形。花多为黄色；花大，直径2.5cm以上，下垂；萼片5，紫红色，近卵形，先端渐尖。种子黑色，有光泽。花期5～6月；果期7～8月。

生于山坡杂木林下、林缘及草地。

可植于池边、路旁，也可盆栽观赏；全草入药。

尖萼耧斗菜

大叶银莲花

大叶银莲花

黄花尖萼耧斗菜

Aquilegia oxysepala Trautv. et Mey. f. *pallidiflora* (Nakai.) Kitag.

别名：猫爪花
科属：毛茛科耧斗菜属

多年生草本，高达40余cm。基生叶多数，有柄，二回三出复叶，革质，小叶倒卵状楔形或线状披针形，长约1.5cm，基部楔形，先端2～3浅裂或半裂，上面暗绿色，无毛，下面淡灰蓝色，有细毛，边缘稍外卷。花大，侧生，向外弯，花梗长约4cm；萼片5枚，广披针形，先端渐尖，紫红色或蓝紫色，稀白色，长约1.5cm，宽约1.2cm；花瓣比萼片短一半，黄色；距长，较粗，先端内卷；雄蕊多数；花柱细而微弯。蓇葖果常5个聚生，被腺毛。花期7～8月。

生于山麓草地、林边。

可作为花境、盆栽观赏。

黄花尖萼耧斗菜

黄花尖萼耧斗菜

薄叶驴蹄草

Caltha palustris var. *membranacea* Turcz

别名：驴蹄草　驴蹄叶　膜叶驴蹄草
科属：毛茛科驴蹄草属

多年生草本，高20～40cm。附地生长。茎生叶大，柄长，互生；叶缘锯齿明显；茎生叶少数，柄短。花生茎端及分枝顶端；萼片5，鲜黄色。种子黑色，有光泽。花期5～6月；果期7月。

生于沼泽地、草甸及河边、林下湿地；喜湿润。

早春彩化花卉之一；可提制生物农药；全草及根入药。全株有毒。

薄叶驴蹄草

薄叶驴蹄草

单穗升麻

Cimicifuga simplex Wormsk.

别名：野菜麻　野升麻
科属：毛茛科升麻属

多年生草本，高1～1.7m，茎单一。叶互生，下部叶具长柄，为二至三回三出近羽状复叶；小叶狭卵形或菱形，边缘有不规则锯齿。复总状花序，长达35cm，萼片白色。蓇葖果被白柔毛，种子四周生膜质鳞翅。花期7～8月；果期8～9月。

生于林缘、疏林下及河沟边；喜湿润。

可作绿化花卉；根状茎入药。

单穗升麻

单穗升麻

棉团铁线莲

褐紫铁线莲

棉团铁线莲

褐紫铁线莲

褐紫铁线莲

Clematis fusca Turcz.

别名：紫花铁线莲　褐毛铁线莲

科属：毛茛科铁线莲属

多年生草质藤本，长达2m。茎细弱，具细棱，略带紫褐色。羽状复叶5～9，小叶卵形，全缘或2～3浅裂。聚伞花序，1～3朵花腋生；花钟形，下垂；萼片4，红紫色。聚合果近球形，瘦果圆状菱形或倒卵形。花果期6～9月。

生于山坡灌丛、草地。

可作垂直绿化材料；全草入药。

棉团铁线莲

Clematis hexapetala Pall.

别名：铁脚威灵仙　山蓼　山棉花　棉花子花

科属：毛茛科铁线莲属

多年生草质藤本，长达1.6m。圆柱形，有纵条纹。叶一至二回羽状深裂，裂片长圆状披针形，全缘。聚伞花序或复聚伞花序，或为单生；苞片线状披针形；萼片6，白色，外面密生棉毛，花蕾时其毛尤密，似棉球。瘦果被白色柔毛。花期6～8月；果期7～9月。

生于山坡草地、沙丘、林缘；喜阳光充足，排水流畅环境。

可作垂直绿化材料；根入药。

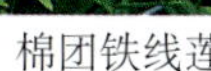
棉团铁线莲

棉团铁线莲

东北铁线莲

Clematis terniflora var. *mandschurica* (Rupr.) Ohwi.

别名：威灵仙　山辣椒　辣蓼铁线莲
科属：毛茛科铁线莲属

多年生草质藤本，长达1.5m。茎多分枝，有棱。叶对生，羽状复叶，小叶常5片，卵形或卵状披针形。花多数，集成顶生花序及腋生花序；萼片白色，4片，长圆形。瘦果扁圆形。花期6～8月；果期7～9月。

生于林缘及疏林下灌木丛中；喜阳光充足，排水流畅环境。

可作垂直绿化材料；根入药。

东北铁线莲

东北铁线莲

拟扁果草

Enemion raddeanum Regel

别名：假扁果草
科属：毛茛科拟扁果草属

多年生草本。茎1～3条，直立，高20～40cm，下部初疏被长柔毛，后近无毛。基生叶1枚，早落，二至三回三出复叶，形似茎生叶；叶柄长11～13cm。茎生叶通常仅1枚，为一回三出复叶，着生于茎2/3以上处；叶片三角形，小叶有小叶柄，卵圆形，3全裂，中全裂片菱形，上部3浅裂，并有不等的齿，侧全裂片轮廓斜卵形，不等2裂，表面无毛，背面近无毛；叶柄长2～25mm。伞形花序顶生或腋生，有1～8花，无毛；总苞片3，叶状，不等大卵状菱形，几无柄，长达5cm；花梗等长，长0.7～3cm；花直径1～1.5cm；萼片5枚，白色，椭圆形；花药黄色；蓇葖果斜卵状椭圆形，长约8mm，宽约3mm，表面有凸起的斜脉，无毛，花柱宿存；种子通常2枚，卵形至椭圆形，长约1.5mm，褐色，密生横的细皱纹。花期5月，果期5～8月。

生于山沟阔叶林及针叶林下。

可用于花坛、花境种植。

拟扁果草

拟扁果草

菟葵

菟　葵

Eranthis stellata Maxim.

科属：毛茛科菟葵属

多年生草本，高10～20cm。茎生叶1枚或不存在，有细长柄；叶片圆肾形。花莛高达18cm，总苞叶状，苞片长约3cm，菱形，深裂成披针形或线状披针形小裂片；花黄白色，萼片5，密叶8～12枚。聚合蓇葖果星状展开。种子近球形，暗紫色。花果期4～5月。

生于山地、杂木林下；喜阴湿。

早春园林绿化材料。

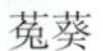

菟葵

菟葵

芍　药

Paeonia lactiflora Pall.

别名：白芍药　赤芍　白芍

科属：毛茛科芍药属

多年生草本，高50～80cm。茎直立，上部多分枝。叶互生，近革质，全缘；一至二回三出复叶或上部叶为单叶，3深裂；茎顶部叶不分裂，小叶长圆形。花大型，径7～10cm或更大，乳白色或浅粉色，单花或数花生于茎顶或分枝枝顶；萼片3～5；花瓣8～13，先端钝或具不整齐钝齿；雄蕊多数，花药鲜黄，蓇葖果3～6个，先端具喙；种子红褐色，有光泽。花期5～6月；果期7～8月。

生于山坡阔叶疏林下、林缘、灌丛及草甸上；耐荫，喜肥沃的酸性土壤。

可作庭院花卉、花坛植物；根入药。

芍药

芍药

白头翁

白头翁

白头翁

白头翁

草芍药

Paeonia obovata Maxim

别名：山芍药　卵叶芍药
科属：毛茛科芍药属

多年生草本，高40～70cm。茎直立，圆柱形，无毛。叶互生，近纸质，全缘；二回三出复叶，小叶倒卵形或椭圆形；有长柄。花单生茎顶；萼片3～5，不等大；花瓣6～8，白色或粉红色。蓇葖果卵圆形或长圆形；种子近球形，蓝黑色。花期5～6月；果期7～8月。

生于山坡杂林下；喜肥沃的酸性土壤。

可作庭院花卉、花坛植物；根入药。

草芍药

草芍药

白头翁

Pulsatilla chinensis (Bge.) Reg.

别名：耗子尾巴花　老婆子花　毛骨朵花
科属：毛茛科白头翁属

多年生草本，高约40cm。全株被白紫色柔毛。茎生叶4～5，具约20cm长柄；3全裂，中裂片具长柄，各裂片又2～3深裂，终裂片狭楔形；常全缘，背面有长柔毛，花莛密被长柔毛；苞片3，茎部合生成筒状，密被长柔毛。聚合果球形，瘦果纺锤形。花期4～5月；果期6～7月。

生于山坡、丘陵、草地及林缘；喜阳光充足的环境。

早春彩化植物；可作兽药和农药；根、花及全草入药。

兴安白头翁

深山毛茛

兴安白头翁

兴安白头翁

兴安白头翁

Pulsatilla dahurica (Fisch.) Spr.

别名：毛骨朵花
科属：毛茛科白头翁属

多年生草本植物，高20～40cm。茎生叶多数，叶柄长3～15cm；叶卵形，3全裂或羽状裂，终裂片宽线形；全缘或上部有2～3小裂片或齿。花莛2～4条，直立，有柔毛；总苞钟形，上部细裂似叶片，背面有密柔毛。花近直立或下垂，蓝紫色，密被柔毛。花期5～6月；果期6～7月。

生于山坡草地、石砾地、林间空地及灌丛；喜阳光充足的环境。

早春彩化植物；可作兽药或农药；根、花及全草入药。

深山毛茛

Ranunculus franchetii De Boiss.

科属：毛茛科毛茛属

多年生草本。簇生。高15～20cm，较柔软，斜升，分枝较多，近无毛。基生叶有细长叶柄，叶片肾形，长1.5～2.5cm，宽2.5～9cm，基部心形，3深裂不达基部，裂片倒卵状楔形，顶端有6～8个齿状缺刻，质地较薄，两面或边缘散生短毛；叶柄长5～12cm，无毛或生细毛。下部叶与基生叶相似，叶柄较短；上部叶无柄，叶片3全裂，或侧裂片再2裂，裂片披针形或长圆形，全缘或有齿，生细柔毛。花单生，直径1.5～2cm；花梗细，长3～8cm，贴生细柔毛；萼片狭卵形，外面有短毛；花瓣5～7，倒卵形，长约为萼的2倍，基部有短爪，蜜槽点状。聚合果近球形，直径6～8mm；瘦果两面鼓凸，直径1.5～2mm，密生细毛，喙直伸或弯，长0.5～1mm。花果期5～7月。

生于沟边、林缘、湿草地、河旁。

可布置花坛、花境。

毛　茛

Ranunculus japonicus Thunb.

别名：鱼疗草　山辣椒　老虎爪草
科属：毛茛科毛茛属

多年生草本，高30～70cm。茎直立中空。茎生叶多数，有长柄；叶圆心形或五角形，基部心形，3深裂，疏生锯齿。聚伞花序有多数花，萼片5；花瓣5，黄色，有光泽，倒卵形，基部具蜜槽。聚合果近球形；瘦果扁平，喙短。花期5～9月；果期6～9月。

生于沟边、林缘、湿草地、河旁。

可布置花坛、花境、作切花；可作发泡剂、杀菌剂，也可作兽药、农药；全草及根入药。

毛茛

贝加尔唐松草

Thalictrum baicalense Turcz.

科属：毛茛科唐松草属

多年生草本，无毛。茎高50～120cm。根茎短，长2～6mm，径5～12mm，须根丛生。三回三出复叶；小叶宽倒卵形、宽菱形，有时宽心形，长1.8～4cm，宽1.2～5cm，3浅裂，裂片具粗齿，脉下面隆起；叶柄基部呈耳状抱茎，膜质，边缘分裂成绥带状。复单歧聚伞花序近圆锥状，长5～15cm，花直径约5mm；萼片椭圆形或卵形，长2～3mm；无花瓣；雄蕊10～20，花丝倒披针状条形；瘦果具短柄，圆球状倒卵形，两面膨胀，长2.5～3mm；果皮暗褐色，木质化。花期5月下旬至6月。

生于山坡林下或湿润草坡。

可布置花境、作切花。

贝加尔唐松草

贝加尔唐松草

毛茛

翅果唐松草

箭头唐松草

箭头唐松草

翅果唐松草

翅果唐松草

Thalictrum petaloideum L.

别名：瓣蕊唐松草

科属：毛茛科唐松草属

多年生草本，高30～90cm。茎直立。叶为三至四回三出复叶；小叶近圆形或菱形，3浅裂至深裂。伞房状聚伞花序，无花瓣；花丝中上部根棒状，白色。瘦果倒卵形，下垂。花期6～7月；果期7～8月。

生于疏林下、林缘和草地；喜阳光和湿润的环境。

可作庭园绿化；根入药。

箭头唐松草

Thalictrum simplex L.

别名：硬水黄连　箭头白蓬草　黄脚鸡

科属：毛茛科唐松草属

多年生草本，高60～150cm。茎直立，具紫色纵棱，上部分枝近向上直展。茎生叶近向上直展，有短柄或近无柄，二至三回三出复叶；小叶卵形，3浅裂或有3圆齿。圆锥状花序，近2歧状分枝；花梗细；萼片4，淡黄绿色。瘦果卵形。花期7～8月；果期9月。

生于山坡林下、林缘、灌木丛。

全草入药。可作庭园绿化、切花。

长白金莲花

Trollius japonicus Miq.

科属：毛茛科金莲花属

多年生草本。高20～60(80)cm。茎直立，单一或分枝，无毛，具细纵棱，基部被旧叶纤维。基生叶具长柄，叶片五角形，3全裂，中裂片近菱形，3中裂，小裂片具缺刻状尖牙齿，侧裂片2深裂至基部，近菱形或歪卵形，两面无毛；茎生叶3～5枚，与基生叶近同形，但叶柄较短，近茎顶部者无柄，叶片较小，裂片亦较狭窄。花1～3朵，生于茎顶或分枝顶端，花通常金黄色，径约3cm，萼片5～7(10)枚，广椭圆形或广倒卵形。蓇葖果。花期7月中下旬，果期8～9月。

生于海拔较高的林边草地至高山冻原。

可作庭院绿化及布置花坛、花境，亦可作盆花、切花栽培。

长白金莲花

长白金莲花

长白金莲花

短瓣金莲花

Trollius ledebouri Rchb.

科属：毛茛科金莲花属

多年生草本，无毛。高60～100cm，疏生3～4叶。基生叶2～3，长15～35cm；叶片与金莲花相似，五角形，长4.5～6.5cm，宽8.5～12cm；叶柄长9～29cm；茎生叶较小，具较短柄或无柄。花单生或2～3组成聚伞花序，直径3.2～4.8cm；萼片5～8，黄色，干时不变绿色，倒卵形或椭圆形，长1.2～2.8cm，宽1～1.5cm；花瓣比萼片短，狭条形，长1.3～1.6cm；雄蕊多数。蓇葖果。

生于林间草地。

种子含油量达29%，供制皂和油漆。可布置花坛、花境，亦可作盆花、切花栽培。

短瓣金莲花

短瓣金莲花

短瓣金莲花

长瓣金莲花

Trollius macropetalus Fr. Schmidt

别名：金梅草　金疙瘩
科属：毛茛科金莲花属

多年生草本，高60～100cm。茎直立，上部分枝。茎生叶有柄，叶片3全裂，近五角形；中裂片3中裂，菱形；小裂片具缺刻状尖齿；上部叶渐小，无柄。花3～9朵生于茎顶或分枝顶端；花橙色，茎3～5cm；萼片6；花瓣6；雄蕊6。浆果红色。

生于林间草地、林缘和草甸；喜湿润。

可作庭院绿化和用于花坛；花可入药。

长瓣金莲花

长瓣金莲花

长瓣金莲花

大叶小檗

大叶小檗

大叶小檗

大叶小檗

大叶小檗

Berberis amurensis Rupr.

别名：刺檗　三颗针　黄芦木　阿穆尔小檗　东北小檗

科属：小檗科小檗属

落叶灌木，高1～3m。枝灰黄色或灰色，有纵棱，节处有3～5叉状锐刺。叶簇生刺腋短枝上，倒卵状椭圆形，边缘有刺状细锯齿，纸质，背面有时被白粉。总状花序，淡黄色花，萼片6，花瓣6。浆果椭圆形，红色。

生于山坡、林内或山谷。

叶、花、果俱美，可作观赏植物；树皮可作黄色染料；地上部分和根入药。

类叶牡丹

类叶牡丹

类叶牡丹

类叶牡丹

Caulophyllum robustum Maxim.

别名：红毛三七　鸡骨升麻　葳岩仙　竹参七

科属：小檗科类叶牡丹属（红毛七属，葳岩仙属）

多年生草本，高40～80cm。茎直立，全株无毛。叶互生，具柄；二至三回三出羽状复叶，小叶卵形，全缘或2～3浅裂，具3出脉。圆锥花序顶生；花绿黄色，萼片6，花瓣状；花瓣6。缩小成线状与萼片对生。种子圆球形，成熟时黑蓝色。花期5月；果期7～8月。

生于山间林下或深山沟谷；喜阴湿。

可观赏；根状茎及根部入药。

鲜黄连

鲜黄连

鲜黄连

鲜黄连

Jeffersonia dubia (Maxim.) Benth. et Hook. et Baker et Moore

别名：洋虎耳草　细辛幌子　毛黄连
科属：小檗科鲜黄连属

多年生草本，花期高15cm左右，花后可高达30cm左右。全为基生叶，叶柄长达20cm左右；叶片横宽椭圆形，茎部深心形，顶部中间微凹，边缘为不规则波状。花茎单一，顶生1花，花茎比叶矮；花淡蓝色，径2cm左右，花瓣6～8枚，倒卵形。花期5月；果期5～6月。

生于针阔混交林、阔叶林下和山坡灌丛中；喜湿润。

花色优美，叶形奇异，可作盆栽和庭园绿化；根和根状茎入药。

蝙蝠葛

Menispermun dauricum DC.

别名：蝙蝠藤　山豆根　山地瓜秧　黄根
科属：防己科蝙蝠葛属

多年生半木质藤本，长10m余。枝绿色，老后呈紫红色，光滑。单叶互生，圆形或盾状卵圆形。伞房花序圆锥形，簇生小枝上；花萼及花瓣约6片；花黄绿色。核果肾圆形，黑紫色。花期6～7月；果期7～9月。

生于山坡林边、田边、路旁及沟谷灌丛中；喜阴湿且排水良好的砂壤土。

叶片奇特光亮，可供观赏；为篱垣攀援材料；根、茎入药。

蝙蝠葛

五味子

五味子

Schisandra chinensis (Turcz.) Baill.

别名：北五味子　山花椒

科属：木兰科五味子属

多年生落叶木质藤本，长8m余，干皮褐色，稍呈不规则薄片状剥裂。叶互生，倒卵形或长椭圆形，叶柄及主脉常为红色；花单性异株，单生或簇生叶腋；花被白色或稍带粉红色晕；花小，直径约1.5cm，具香气；聚合果穗状，鲜红色。

生于杂木林丛中；半阴性，喜于湿润、肥沃而排水良好的山地林缘生长。

优良攀援植物，可作园林半荫处棚架材料。

五味子

五味子

五味子

白屈菜

白屈菜

狗枣猕猴桃

Actinidia kolomikta (Maxim. et Rupr.) Maxim

别名：狗枣子　深山木天蓼

科属：猕猴桃科猕猴桃属

多年生落叶藤本，长7～15m。枝具片状髓，褐色。叶互生，卵形或椭圆状卵形，端尾渐尖，质薄，上半部常变白色或粉红色。雌雄异株或杂性。花白色或粉红色，有芳香；瓣长圆形；花药黄色；萼片卵圆形，宿存。浆果卵状长圆形。花期6～7月；果期7～9月。

生于杂木林中或林缘；喜土质肥沃、水分充足的环境。

可用于美化墙面、棚架或攀附于树上；上乘野果，营养丰富。

白屈菜

Chelidonium majus L.

科属：罂粟科白屈菜属

二年生草本或多年生。株高30～100cm，有黄色乳汁。茎直立，多分枝，嫩绿色，被白粉，疏生柔毛。叶互生，一至二回羽状分裂，基生叶全裂片5～8对，茎生叶全裂片2～4对，边缘有不整齐缺刻，上面近无毛，下面疏生短柔毛，有白粉。花数朵，伞状排列；萼片2，早落；花瓣4，黄色，倒卵圆形，雄蕊多数；子房线形，无毛。蒴果线状圆柱形，成熟时由基部向上开裂。种子多数，卵球形，黄褐色，有光泽及网纹。花期5～8月，果期6～10月。

生于山坡、山谷林边草地。

可作城市绿化地被植物，亦可布置花坛、花境。

狗枣猕猴桃

狗枣猕猴桃

多裂东北延胡索

多裂东北延胡索

Corydalis ambigua Cham. et Schlecht. f. *fumariaefolia*

别名：元胡　蓝雀花

科属：罂粟科紫堇属

多年生草本，高15～25cm。叶互生，具细柄；三至四回三出全裂或近全裂，终裂成线形。总状花序顶生，8～20朵花，萼片不明显；花冠唇形，蓝色，4瓣2轮。蒴果线形或狭线形。花期4～5月；果期5～6月。

生于疏林下、林缘及灌丛、林缘草地；喜腐殖质肥厚且稍荫处。

早春绿化植物；块茎入药。

东北延胡索

东北延胡索

Corydalis ambigua Cham. et Schlecht. var. *amurensis* Maxim.

别名：元胡

科属：罂粟科紫堇属

多年生草本。高15～25cm。具球状块茎，径1～1.5cm，外被多层棕褐色残留的木栓质层，皮内淡黄色，富含淀粉。地上茎单一或从茎下部鳞片叶腋生出1～2分枝，直立或倾斜。叶具细柄；叶片灰绿色，二回三出全裂，一回裂片具长柄，二回裂片无柄，长圆形，有时分裂，长1～3cm，先端钝圆或浅裂。总状花序顶生，较疏散，花数朵至十余朵；花冠唇形，浅蓝色或蓝紫色。蒴果线性，略呈串珠状；种子多数。花期4～5月，果期5～6月。

生于山坡、灌丛、杂木林下、沙石土壤中及沟谷边。

早春开花，颜色艳丽，可栽培供观赏；块茎入药，具有活血散瘀、理气止痛之功效。治气滞心腹作痛、胃痛、冠心病、痛经等。

线裂东北延胡索

Corydalis ambigua Cham. et Schlecht. var. *lineariloba* Maxim.

别名：元胡　蓝雀花
科属：罂粟科紫堇属

多年生草本，高15～25cm。叶互生，具细柄；叶二回或三回三出全裂，终裂片线形或线状长圆形。总状花序顶生，8～20朵花，萼片不明显；花冠唇形，淡蓝色，4瓣2轮。蒴果线形。花期4～5月；果期5～6月。

生于疏林下、林缘及灌丛、林缘草地；喜腐殖质肥厚且稍荫处。

可作早春彩化材料；块茎入药。

巨紫堇

Corydalis gigantea Trautv. et Mey.

科属：罂粟科紫堇属

多年生草本，高60～120cm。根茎头部粗大，块状。茎中空，上部多分枝。叶二回三出羽状全裂，最终裂片椭圆形、长卵形，长2～7cm，宽1～3cm，表面深绿色，背面淡绿色，柔嫩，干后变黑。花序腋生，2～3分枝，组成圆锥状，长10～20cm，密花，有线形苞片；萼片大，宽卵形，近膜质，早落，花冠污红色，长15～25(30)mm，距长是下唇的2倍，上唇广披针形，下唇椭圆形，内侧2瓣狭卵形，有爪；雄蕊6枚，每3枚成一束，中间花药2室，两侧花药1室，花丝大部连合；雌蕊1枚，线形，柱头戟形。蒴果椭圆形，长10～14mm，先端膨大，花柱宿存。花期6～7月，果期7～8月。

生于红松林下、林下水沟边。

可布置花坛、花境。

巨紫堇

线裂东北延胡索

巨紫堇

黄紫堇

Corydalis ochotensis Turcz

科属：罂粟科紫堇属

一年生或二年生草本，高达90cm。常自茎下部分枝，茎具棱槽，棱脊突出，近似翅状。茎生叶有长柄，叶柄下部稍膨大，叶片下面有白粉，正三角形，二或三回羽状全裂，二回或三回裂片2或3深裂，小裂片倒卵形或菱状倒卵形，长0.6～2cm，全缘。总状花序顶生或腋生，长5～9cm，苞片狭卵形，披针形或狭倒卵形，长2～10mm，宽1.5mm，全缘，有时基部苞片3裂；花梗长1.5～4mm；花冠黄色，上花瓣长1.3～2cm，距长6～12mm，尾部向下弯曲，下面花瓣为凸浅囊状，上下两花瓣均具鳍状突起物，先端连合，具爪；雄蕊6枚，每3枚成1束，花丝大部连合，下部宽扁；雌蕊1枚，线形，花柱细长，柱头宽扁，铲状，先端4裂。蒴果线形或狭披针形，下垂，长8～18mm，有种子1列。种子黑色，有光泽，具白色舌状种阜。花期6～8月，果期8～9月。

生于林内石砬子旁，杂木林下、溪流两旁、采伐迹地。

可布置花坛、花境。

黄紫堇

球果紫堇

Corydalis pallida (Thunb.) Pers

别名：黄堇
科属：罂粟科紫堇属

二年生草本，高20～60cm。基生叶莲座状；茎生叶互生较密，叶背面被白粉；叶片一至二（三）回羽状分裂。总状花序顶生或腋生；花多，唇形，鲜黄色，排列紧密。花期4～5月；果期6～7月。

生于林缘或林间空地。

可用于布置花坛、花境；根入药。

球果紫堇

球果紫堇

多裂齿瓣延胡索

多裂齿瓣延胡索

Corydalis turtschanininovii Bess. f. *multisecta* P.Y.Fu

科属：罂粟科紫堇属

多年生草本。高10～30cm。具球状块茎，径1～3cm，外被栓皮层，有时块茎瓣裂。叶二回三出深裂，且多次深裂，终裂片线形。总状花序；花冠唇形，4瓣，蓝色或蓝紫色；雄蕊6；雌蕊1。蒴果线形或扁柱形。花期4～5月，果期5～6月。

生于杂木林下、林缘或沟溪边等。

花早春开放，淡雅，小巧别致，是较好的春季草本花卉，可栽植于庭院、花坛或公园，适宜作为地被观赏。块茎入药，具有较好的止痛功效。

荷青花

荷青花

Hylomecon japonica (Thunb.) Prantl et Kumdig

别名：鸡蛋黄菜　大叶老鼠七　刀豆三七

科属：罂粟科荷青花属

多年生草本，高15～40cm。全株含黄色乳汁。基生叶1～2，较茎稍短，有长柄，羽状全裂，裂片菱状倒卵形或长椭圆形，边缘具不规则重锯齿。茎生叶2～3枚，生于近茎顶处。花大型，1～3朵生茎顶；萼片2；花瓣4；鲜黄色。种子多数，细小。花期4～5月；果期5～6月。

生于山坡林下、林缘、灌丛及沟边湿地；喜湿润。

早春绿化、彩化材料，也可作切花；根入药。

荷青花

野罂粟

Papaver nudicaule L.

科属：罂粟科罂粟属

多年生草本。高30～60cm。全株密被硬伏毛。基生叶羽状深裂，密被硬毛，有长柄。花茎单生或多枚；花顶生，单一，花蕾卵形或球形，弯垂；萼片2，早落；花瓣4，白色，广倒卵形；雄蕊多数；子房倒卵形，柱头呈辐射状。蒴果近球形，长1.5～1.7cm，无毛，孔裂。花期6～7月，果期7～8月。

生于干燥山坡、山沟、路边、石砾地或河岸沙地。

可布置花坛、花境，优良的城市绿化地被植物。

白花碎米荠

Cardamine leucantha (Tausch) O.E.Schulz

别名：山芥菜

科属：十字花科碎米荠属

多年生草本，高40～100cm。茎直立，单一。茎生叶有长柄，小叶2～3对，边缘具不整齐锯齿。总状花序顶生，4数花；花瓣白色。花期4～5月；果期6～7月。

生于路旁、杂木林下、山坡草地及沟边；喜湿润。

早春绿化材料；春季可食用其嫩芽；全草入药。

白花碎米荠

野罂粟

野罂粟

白花碎米荠

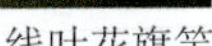
线叶花旗竿

花旗竿

Dontostemon dentatus (Bunge) Ledeb.

别名：齿叶花旗竿

科属：十字花科花旗竿属

二年生草本。高15～50cm。茎上部叶披针形，下部叶短圆状条形。总状花序顶生或腋生；花小；萼片4；花瓣4，紫色，倒卵形。长角果条形。花期5～6月，果期7～8月。

生于山坡、灌丛、石砬子、荒地、路边。

可作城市绿化地被植物。

线叶花旗竿

Dontostemon integrifolius (L) Ledeb.

科属：十字花科花旗竿属

一年或二年生草本，高5～25cm。茎多单一或分枝。叶线形，全缘，两面被疏毛。总状花序顶生或侧生；萼片4，长圆形；花瓣4，倒卵形；淡紫色花，后变白色。种子成一行排列，椭圆形，褐色。花期5～6月；果期7～8月。

生于地边、路旁或沙地、沙丘上。

可作园林绿化材料。

花旗竿

花旗竿

葶　苈

Draba nemorosa L.

别名：猫耳菜

科属：十字花科葶苈属

一年生草本。高10～20cm。全株有毛。茎直立，单生或叉状分枝。基生叶呈莲座状，长圆状倒卵形，先端渐尖，基部渐狭，叶缘具疏牙齿或近全缘，两面密生柔毛。总状花序顶生；两性花，小型；萼片4，卵形；花瓣4，黄色，长圆状倒卵形；雄蕊6，4强；雌蕊1，子房上位。短角果，扁平，长6～9mm，宽2～2.5mm；种子小，淡褐色。花期4～5月，果期5～6月。

生于田间、路旁、荒地及住宅附近。

其植株矮小，叶莲座状丛生，花色金黄，为早春观花小草本，可配置花径，地被美化。种子入药称“葶苈子”，主治咳嗽喘息等症。嫩茎叶可食用。

糖　芥

Erysimun bungei Kitag.

别名：桂竹糖芥

科属：十字花科糖芥属

一年生或二年生草本。高20～30cm。叶互生，线状披针形，长8～10cm，宽0.5cm，有疏齿，先端尖，基部渐狭。总状花序顶生，花序长6～10cm；花梗长5～8mm；花瓣4，花瓣长1cm，金黄色；雄蕊6，在短雄蕊基部有1环状蜜腺，长雄蕊外侧有1长形蜜腺；子房无柄，四棱形，花柱明显，柱头2浅裂。长角果略呈四棱形；种子深褐色。花期4～6月，果期6～8月。

生于林缘、山坡、沟旁、道边。

其花色艳丽夺目，密集呈金黄色花团，为很好的观花草本。可用于花坛、花径配置材料。

葶苈

葶苈

糖芥

糖芥

独行菜

独行菜

独行菜

Lepidium apetalum Willd

科属：十字花科独行菜属

一年生或二年生草本。高20～30cm。茎直立，多分枝，具白色细毛，呈乳头状。基生叶狭长圆形，羽状分裂，丛生；上部茎生叶线形，全缘或顶端有疏锯齿。总状花序顶生；花小；萼片4，椭圆形，边缘白色，常脱落；花瓣退化，丝状；雄蕊2；雌蕊1，近椭圆形，扁平，上部翼较宽，先端微凹陷，每室1枚种子。种子淡红褐色。花期5～6月，果期7～8月。

生于沟边、路旁、田野及住宅附近。

为优良的城市绿化地被植物材料。

蔊　菜

Rorippa indica (Wall.) Small

别名：辣米菜　江剪刀菜

科属：十字花科蔊菜属

多年生草本，高30～40cm，直立或卧伏地面。茎下部的叶长椭圆形，或作羽状分裂，上部的叶较少分裂或不分裂，边缘有不整齐的锯齿。花小，排列成总状花序，花梗长约0.5cm；萼片4，开展，基部等宽，背部先端略带褐色；花瓣4，黄色，倒卵形，基部狭窄；雄蕊6枚，4强；心皮2，花柱1，柱头不分裂。长角果线形，长约2.5cm，隔膜薄而透明，具短柄，无小苞片，有种子2列。种子小，极多，卵状，褐色。花期5～9月，边开花，边结果。

生于荒地、路旁及田园中。

可作城市绿化地被植物材料。

蔊菜

蔊菜

狼爪瓦松

Orostachys cartilaginea A. Bor.

别名：辽瓦松
科属：景天科瓦松属

二年生草本。高8～20cm。全株有白粉，密布紫红色细点。基生叶覆瓦状排列呈莲座状，长圆状狭篦形，先端锐尖，有软骨质刺；茎生叶线状披针形，先端锐尖。总状花序密生，呈圆锥状，长20～25cm，花梗短；苞片披针形，有紫红色细点，先端尖，较花长；萼片5，披针形，淡绿色；花瓣5，线状长圆形，基部合生，上部有红色斑点；雄蕊10，花药暗红色；心皮5。花果期8～10月。

生于山坡岩石、石质山坡及房顶瓦上。

其植株矮小，全株淡紫红色，呈宝塔状，开花时，吐露出深紫红色花药，十分增色，是微型盆栽之好材料，亦可作布置山石佳景用。全草入药。主治痢疾、便血、痔疮出血。为有毒植物。

钝叶瓦松

Orostachys malacophyllus (Pall.) Fisch.

别名：宽叶瓦松
科属：景天科瓦松属

二年生草本。高约15cm。第一年仅生莲座叶，短圆形至卵圆形，顶端钝，无尖刺，灰绿色，叶缘呈暗红色；第二年出花莛，高10～30cm。茎生叶互生，匙状倒卵形，较莲座叶大，长达7cm，先端有短尖。总状花序紧密，花近无梗；萼片5，卵形，长3～7mm；花瓣5，矩圆状卵形，长4～6mm，绿色或白色；雄蕊10，花药黄色；心皮5。蓇葖果，卵形；种子细小，多数。花期8～9月，果期9～10月。

生于石质山坡、石砬子或高山草原带。

其莲座叶覆瓦状排列，似灰绿色朵朵微笑莲花，令人不胜喜爱，可作微型盆栽，供观叶用。去根全草入药，为止血药。

钝叶瓦松

狼爪瓦松

狼爪瓦松

费菜

费　菜

Sedum aizoon L.

别名：景天三七　长生景天
　　　土三七　见血散

科属：景天科景天属

多年生草本，高20～50cm。直立，不分枝。叶互生，长披针形至倒披针形，边缘有不整齐锯齿，几无柄。聚伞花序，分枝平展；花密生；萼片5，条形，不等长；花瓣5，黄色，椭圆状披针形。蓇葖果呈星状排列，叉开几成水平排列。花期6～7月；果期8～9月。

生于山坡、路边、杂木林下。

可作园林绿化材料；全草入药。

费菜

费菜

景　天

Sedum erythrostictum Miq.

别名：八宝　绣球花

科属：景天科景天属

多年生草本，高30～100cm。直立，不分枝。叶对生，少为互生或3叶轮生；叶长圆形至卵状长圆形，边缘疏锯齿，无柄。聚伞花序，花密生，5基数，径约1cm；花梗稍短或同长；花白色至浅红色，萼片5，披针形。蓇果。花期8月；果期9月。

生于山坡或沟边；喜砂质土壤及阳光充足环境。

可作观赏花卉；全草入药。

景天

景天

景天

落新妇

Astilbe chinensis (Maxim.) Franch. et Sav.

别名：南红升麻　虎麻　红升麻　金毛狮子　金毛三七

科属：虎耳草科落新妇属

多年生草本，高40～80cm。基生叶二至三回复叶，小叶卵形至长卵形，先端尖，有重锯齿；圆锥花序长达30cm，密生褐色弯曲柔毛，花密集，具苞片，几无花梗，花小，花瓣5；初开花为粉红色，后变白色。花期6～7月；果期8～9月。

生于山地疏林下、林缘及沟谷中；喜湿润。

花期较长，花色鲜艳，可置于岩石园或林下，也可盆栽欣赏及用作切花；根、茎入药。

落新妇

落新妇

金　腰

Chrysosplenium alternifolium L.

别名：金腰子

科属：虎耳草科金腰属

多年生草本，株小，高6～15cm。基生叶叶柄较长，叶片肾圆形，基部深心形；边缘浅圆锯齿；茎生叶1～2个，互生，圆肾形。聚伞花序紧密；苞片和花瓣黄色；萼片4，内侧金黄色。蒴果与萼片近等长。花期4～5月；果期5～6月。

生于山谷溪旁或石崖阴处；喜湿润土壤。

可置于林下水边、溪旁供观赏；全草入药。

金腰

金腰

东北山梅花　　东北山梅花

东北山梅花

东北溲疏

东北溲疏

Deutzia amurensis (Regel) Airy Shaw

别名：无毛溲疏

科属：虎耳草科溲疏属

灌木，高约1m，小枝稍弯曲，皮褐色，老枝暗灰色。叶对生；叶片卵状椭圆形或长圆形，基部近圆形或广楔形，先端渐尖，边缘具不规则细锯齿。花序伞房状，直径3～5(7)cm，花较多，通常15～20朵，花序轴及花梗密被星状毛，花径约1.3cm；萼筒短，萼裂片5，卵形，灰褐色；花瓣5，白色；雄蕊10；花柱常3裂，比雄蕊短。蒴果扁球形，有星状毛。花期6～7月，果期7～9月。

生于山坡岩石旁、阔叶林中。

庭园栽培供观赏。

东北山梅花

Philadelphus schrenkii Rupr.

科属：虎耳草科山梅花属

直立灌木，高2～4m。枝条对生。叶对生，有短柄；叶片长卵形，边缘有锯齿，两面具绒毛。主脉由基部3～5出。总状花序，5～7花集生枝梢；花瓣4，白色，倒卵形；萼片4。蒴果。花期6月，果期8～9月。

生于针阔混交林或杂木林中。

为优美观赏灌木；材质硬，可做手杖、伞柄等；茎、叶入药。

东北溲疏

东北茶藨子

Ribes manschuricum (Maxim.) Kom.

别名：山麻子　山樱桃　灯笼果
科属：虎耳草科茶藨子属

灌木，高1～2m。叶大，掌状3裂，基部心形，先端尖，边缘具锐锯齿。总状花序，花密，后下垂；花黄绿色。浆果球形，红色，果内有半透明瓜瓣状脉纹。花期5～6月，果期7～8月。

生于针阔混交林、杂木林中或林缘。

庭院绿化树种，可观花、看叶、赏果；红果营养丰富，除可鲜食外，还可制果酱和酿酒；果实入药。

东北茶藨子

龙芽草

Agrimonia pilosa Ledeb.

别名：仙鹤草　瓜香草　金龙顶牙
科属：蔷薇科龙芽草属

多年生草本，高30～70cm。直立，细弱。叶为间断的羽状复叶，叶柄短；小叶无柄，菱形或长圆状菱形。总状花序，单一或2～3个生于茎顶；花小，黄色；苞片2，基部合生；花萼裂片5枚，三角状披针形；花瓣5，长圆形。瘦果倒圆锥形。花期7～9月；果期8～9月。

生于荒坡、草地、路旁、林缘。

可作花坛、庭园绿化、草坪植物；全草入药。

假升麻

Aruncus sylvester Kostel. ex Maxim.

别名：棣棠升麻
科属：蔷薇科假升麻属

多年生草本，高1～2m。茎直立，基部近木质。叶二至三回三出羽状复叶，小叶卵状披针形，先端渐尖或具长尾状尖，边缘有不整齐重锯齿。圆锥花序；花5数。蓇葖果下垂，稍有光泽。花期5～7月；果期7～9月。

生于山沟、山坡林中及林缘、路旁。

可作庭院绿化材料；幼苗为春季山菜；全草入药。

龙芽草

龙芽草

假升麻

山里红

山里红

Crataegus pinnatifida Bge. var. *major* N.E.Br.

别名：红果　大山楂　棠梂

科属：蔷薇科山楂属

落叶小乔木，高3～7m。茎粗壮，多分枝，具刺。叶互生，宽卵形，羽状深裂，边缘粗锯齿。伞房花序；花白色，花瓣5，倒卵形。梨果近球形，深红色。花期6～7月；果期8～9月。

生于山坡、林缘、灌木丛中。

可作庭院绿化观赏树；果可食，营养丰富；果亦入药。

山里红

山里红

槭叶蚊子草

Filipendula purpurea Maxim.

别名：黑白合叶子

科属：蔷薇科蚊子草属

多年生草本，高达80cm。根状茎横走，基生叶及茎下部叶有长柄，叶质薄；顶生小叶大，长10～15cm，通常5裂；侧生小叶3～4对，不分裂，广披针形或长圆状披针形；圆锥花序顶生或腋生；花小，多数淡红色。花期6～7月，果期7～8月。

生于阴湿地、林下或路旁林缘。

叶、花均可供观赏，是布置花境的良好材料。

槭叶蚊子草

槭叶蚊子草

东方草莓

Fragaria orientalis Lozinsk.

别名：高丽果

科属：蔷薇科草莓属

多年生草本，高5～30cm。三出复叶，倒卵圆形或菱状卵圆形，边缘有缺刻状锯齿。伞房花序，有花2～6朵；直径1～1.5cm；白色。聚合果半圆形，成熟后紫红色。瘦果卵形。花期5～7月；果期7～9月。

生于山坡、草地和林下。

可用于布置花境、花坛；果生食或制果酒、果酱；果亦入药。

东方草莓

东方草莓

东方草莓

水杨梅

Geum aleppicum Jacq.

别名：追风七

科属：蔷薇科水杨梅属

多年生草本，高40～80cm。茎直立。羽状复叶；基生叶柄长，茎生叶柄短；卵形至圆形；边缘具不整齐牙齿。伞房花序；花梗长；黄色，径1～2cm，萼片披针形；花瓣倒卵形或近圆形，先端圆形或微凹。瘦果多数，长圆形，密被黄褐色毛。花期6～9月；果期7～9月。

生于山坡、草地、沟边。

可作庭院花坛或草坪之点缀植物；根入药。

山荆子

Malus baccata (L.) Borkh.

别名：山丁子

科属：蔷薇科苹果属

落叶乔木。高10～15m。单叶互生或于短枝上簇生，叶片卵形。伞形花序生于短枝顶端，花4～6朵；花白色或粉红色；花瓣5，倒卵形；雄蕊15～20，不等长；花柱5或4。果实近球形，成熟时深紫色或黄色，萼片脱落。花期5月，果期8～9月。

生于山坡杂木林中、林缘、路旁、疏林中或山谷灌丛中。

伞形花序，色白如雪，秋季红果满枝，灿烂如珠，为观花、观果乔木。花、果实入药。果实亦可食用。

山荆子

山荆子

水杨梅

水杨梅

委陵菜

蛇莓委陵菜

Potentilla centigrana Maxim.

科属：蔷薇科委陵菜属

一年生或二年生草本，高30～50cm。茎上升，匍匐或近直立。3小叶，小叶片椭圆形或倒卵形。单花，下部与叶对生，上部生于叶腋；萼片卵形或卵状披针形；花瓣淡黄色，倒卵形，顶部微凹或圆钝。瘦果倒卵形。花果期4～8月。

生于路边、林下、草地、林缘。

可作庭院绿化及地被植物。

委陵菜

Potentilla chinensis Ser.

别名：中华委陵菜

科属：蔷薇科委陵菜属

多年生草本。高30～70cm。茎直立，单生或丛生，密生灰白色长棉毛。托叶披针形于叶基部合生；奇数羽状复叶，基生小叶15～31，羽状深裂。聚伞花序顶生；花黄色；花瓣5，倒卵形；萼片与副萼片各5；雄蕊多数。花期6～8月，果期7～9月。

生于向阳干燥山坡、林缘、草地、荒地、路边、沟边。

花入药，味甘、苦，性平。清热解毒。干花开水泡代茶饮用，可抗癌。可作为城市绿化地被植物。

委陵菜

蛇莓委陵菜

莓叶委陵菜

Potentilla fragarioides L.

别名：高丽果叶
科属：蔷薇科委陵菜属

多年生草本。高8～34cm。全株有长柔毛。奇数羽状复叶，顶端3小叶最大；基生叶与茎近等长；托叶下部与叶柄合生。聚伞花序，花多数；花黄色；萼片与副萼片各5；花瓣5，倒卵形；花托有短柔毛。瘦果近肾形。花期4～5月，果期6～8月。

生于湿地、山坡、路旁、杂木林下及草甸。

早春观花植物，花期早，花虽小但色泽鲜艳，可作地被植物。

金露梅

Potentilla fruticosa L.

别名：金老梅
科属：蔷薇科委陵菜属

落叶灌木。高1.3～1.5m。丛生，多分枝。奇数羽状复叶，互生或于短枝上丛生，卵圆状披针形。花单性或数朵花呈伞房花序；花鲜黄色；花瓣5，圆形；萼片及副萼片各5，卵圆形；花柱宿存。瘦果小。花期7～9月，果期9～10月。

生于针阔混交林下、火烧迹地、落叶松林下、林缘、湿草地、火山灰路旁、江岸灌丛中。

花期颇长，花虽小但鲜黄夺目，可作花篱观赏。

金露梅

莓叶委陵菜

金露梅

莓叶委陵菜

欧　李

Prunus humilis Bunge

科属：蔷薇科李属

灌木，高1.5～4m。分枝多，嫩枝被短柔毛。单叶互生，长圆状倒卵形至长圆状披针形。边缘具细锯齿。花淡红色至白色，与叶同时开放。核果近球形，鲜红色。花期5月；果期7～8月。

生于山坡、路旁。

观赏树种，可植于庭院路旁。

稠　李

Prunus padus L.

别名：臭李子

科属：蔷薇科李属

落叶乔木，高8～13m。树皮粗糙，黑褐色。单叶互生，有柄，椭圆形至倒卵形，先端急尖，边缘有细锯齿。总状花序，多花，15～20余朵组成，有花梗；花萼5裂，花瓣6。果暗紫色或黑色，近球形。花期5～6月；果期7～8月。

生于河岸或林内。

观赏树种；可加工果汁、果酱、果酒等。

稠李

稠李

稠李

欧李

欧李

花盖梨

Pyrus ussuriensis Maxim.

别名：秋子梨　山梨　野梨
科属：蔷薇科梨属

落叶乔木，高10～15m。小枝粗，老时变为灰褐色。叶互生，卵形至宽卵形，先端渐尖，基部圆形或近心形；叶缘有刺芒状尖锯齿；叶柄较长。花序密集，有5～7花，花梗长；花5数，白色。果近球形，黄色。花期 5～6月；果期8～9月。

生于山坡或沟谷两侧；喜肥沃土壤。

观赏绿化树种；蜜源植物；制家具的优质木材；果可食并入药。

花盖梨

花盖梨

山刺玫

Rosa davurica Pall.

别名：刺蔷薇　刺玫果
科属：蔷薇科蔷薇属

灌木，高1～1.5m。多簇生或单生；枝紫红色，有密细直刺。羽状复叶，互生；小叶5～9枚，椭圆形至长圆形，边缘有锯齿。花单一或2～3朵并生，径4～5cm，花艳，红色或深玫瑰色，浓香。果球形，红色，光滑。花期6～7月；果熟期8～9月。

生于开旷地、河岸、林缘。

观赏绿化树种；果可鲜食亦可制果酱；叶可提取栲胶；花瓣含芳香油，可食用或提取香料；根入药。

山刺玫

山刺玫

山刺玫

山楂叶悬钩子

山楂叶悬钩子

山楂叶悬钩子

Rubus crataegifolius Bunge

别名：马林果　托盘　木莓　山莓
科属：蔷薇科悬钩子属

灌木，高1～3m。枝具刺，有棱，褐红色。单叶互生，3～5掌状裂，裂片卵形至卵状披针形，有锯齿；叶柄长。花5朵簇生；花径约1.5cm；萼片卵形，先端渐尖，弯曲；花瓣灰白色，椭圆形。聚合果鲜红色，味酸甜。花期6月；果熟期7～8月。

生于山坡地灌丛、林缘或杂木林中；喜干燥和阳光充足的环境。

观赏绿化树种；果可鲜食或制糖果、酿酒；根入药。

山楂叶悬钩子

地　榆

Sanguisorba officinalis L.

别名：黄瓜香　玉扎　山枣子
科属：蔷薇科地榆属

多年生草本，高50～150cm。茎直立，有棱。奇数羽状复叶。基生叶较大，叶柄长；茎生叶互生，叶柄短，有齿，小叶7～19片，长椭圆形。穗状花序呈头状，椭圆形或长圆柱形。花小密集；花瓣4裂，瓣状，长约3mm，暗紫红色。果实包在宿存萼筒内，外面有4棱。花果期7～9月。

生于山坡草地、林缘、灌丛、草原、草甸。

可作绿化点缀材料；嫩叶可食，可代茶饮；根入药。

小白花地榆

Sanguisorba parviflora (Maxim.) Takeda.

别名：白花地榆
科属：蔷薇科地榆属

多年生草本，高50～140cm。奇数羽状复叶，小叶9～23枚，小叶条形或披针形，基部为不规则的楔形至微心形，小叶柄短或近无柄。花穗长圆柱形，生于分枝顶端，白色。瘦果近球形，具翅。花期7～8月；果期8～9月。

生于山地、林缘、草原。

可作园林绿化材料；根入药。

珍珠梅

Sorbaria sorbifolia (L.) A. Br.

别名：东北珍珠梅　山高粱
科属：蔷薇科珍珠梅属

灌木，高达2m。枝条开展，小枝稍弯曲。叶互生，羽状复叶，小叶11～21，披针形至矩圆状披针形，有尖锐重锯齿。大型密集圆锥花序顶生；花白色，径5～7mm。蓇葖果矩圆形。花期7～8月；果期8～9月。

生于疏林、林缘或草甸、山坡、河边、路旁。

可作观赏绿化树种；茎皮、果穗入药。

地榆

珍珠梅

小白花地榆

小白花地榆

花楸

花　楸

Sorbus pohuashanensis (Hance) Hedl.

别名：红果　臭山槐　绒花树　山槐子
科属：蔷薇科花楸属

乔木，高达8m；小枝粗壮，圆柱形，灰褐色，具灰白色细小皮孔，嫩枝具绒毛，逐渐脱落，老时无毛；奇数羽状复叶，小叶片5～7对，基部和顶部的小叶片常稍小，卵状披针形或椭圆披针形，长3～5cm，宽1.4～1.8cm，叶轴有白色绒毛，老时近于无毛；托叶革质，宿存，宽卵形，有粗锐锯齿。复伞房花序具多数密集花朵，总花梗和花梗均密被白色绒毛，成长时逐渐脱落；花梗长3～4mm；花直径6～8mm；萼筒钟状；萼片三角形；花瓣长3.5～5mm，宽3～4mm，白色。果实近球形，红色或橘红色，具宿存闭合萼片。花期6月，果期9～10月。

常生于山坡或山谷杂木林内，海拔900～2500m。

可作城市绿化观赏，为优良的庭院绿化树种。

柳叶绣线菊

Spiraea salicifolia L.

别名：空心柳
科属：蔷薇科绣线菊属

直立灌木，高1～2m。叶互生矩圆状披针形至披针形，先端尖，具锐锯齿，有时为重锯齿。矩圆形或金字塔状圆锥花序，生当年枝端；花密集；花瓣粉红色；径5～7mm。蓇葖果直立。花期6～8月；果期8～9月。

生于河岸、草地、林缘，多在沼泽地或湿润环境形成大片灌木丛。

为优良庭院绿化树种；蜜源植物；根、皮、嫩叶均入药。

柳叶绣线菊

柳叶绣线菊

野大豆

Glycine soja Sieb. et Zucc.

别名：黑大豆
科属：豆科大豆属

国家重点保护野生植物。一年生缠绕草本。羽状三出复叶；顶生小叶片宽卵形或卵状披针形，全缘；侧生小叶较小。短总状花序腋生；花小；蝶形花冠淡紫红色。花蕾狭长圆形或近镰刀形。花果期6～9月。

生于山区或半山区的湿草地、河岸、沼泽附近或灌丛。

绿化材料；优良饲料和绿肥植物；带果全草入药。

山岩黄芪

Hedysarum alpinum L.

别名：山岩黄蓍
科属：豆科岩黄芪属

多年生草木，高40～100cm，茎直立，无毛。单数羽状复叶，小叶9～21枚，托叶膜质，披针形或三角形，褐色，小叶卵状矩圆形或矩圆形，两面无毛或近无毛。总状花序在茎顶部腋生，伸长，具多数花；蝶状花冠蓝紫色，子房无毛。荚果由2～4个荚节组成；荚节近扁平，两面有网纹。细胞染色体2n=4。

生于湿草地或草甸。

可作饲料，提取丹宁或蜜源植物。可作城市绿化地被植物。

胡枝子

Lespedeza bicolor Turcz.

别名：苕条　秋牡荆
科属：豆科胡枝子属

灌木，高达3m。多分枝。叶互生。三出复叶，小叶卵形或椭圆形；具长柄。总状花序腋生，较复叶长；通常每苞片内有2花；萼齿4裂；花冠蝶形，红紫色。荚果斜倒卵形。花期7～9月；果期9～10月。

生于山坡杂林下或路旁。

为绿化和保持水土良种；东北防护林主要灌木树种之一；枝可编筐；茎叶入药。

胡枝子

野大豆

野大豆

山岩黄芪

五脉山黧豆

五脉山黧豆

兴安胡枝子

兴安胡枝子

五脉山黧豆

Lespedeza davurica (Laxm.) Schindl.

别名：山黧豆　兴安胡枝子　牛枝子　豆豆苗

科属：豆科胡枝子属

多年生草本，高20～70cm。茎单一，有棱及翅。2～6枚羽状复叶；叶轴顶端成单一分枝的卷须；小叶片线状披针形至线形，先端有短刺尖，全缘，有5条明显的隆起纵脉。总状花序腋生，有花3～10朵；蝶形花冠蓝紫色。荚果长圆状线形。花期6～7月；果期8～9月。

生于林缘、草地、草甸及沙地。

花、叶俱美，为园林绿化材料；茎、叶可作饲料和绿肥。

兴安胡枝子

Lespedeza daurica (Laxm.) Schindl. var. *daurica*

科属：豆科胡枝子属

小灌木，高达1m。茎通常稍斜升；老枝黄褐色或赤褐色，被短柔毛或无毛，幼枝绿褐色，有细棱，被白色短柔毛。羽状复叶具3小叶；托叶线形；叶柄长1～2cm；小叶长圆形或狭长圆形，长2～5cm，宽5～16mm，先端圆形或微凹，有小刺尖，基部圆形，上面无毛，下面被贴伏的短柔毛。总状花序腋生；总花梗密生短柔毛；小苞片披针状线形，有毛；花萼5，深裂，外面被白毛，萼裂片披针形，先端渐尖，成刺芒状，与花冠近等长；花冠白色或黄白色，旗瓣长圆形，长约1cm，中央稍带紫色，具瓣柄，翼瓣长圆形，先端钝，较短，龙骨瓣比翼瓣长，先端圆形；闭锁花生于叶腋，结实。荚果小，倒卵形或长倒卵形，长3～4mm，宽2～3mm，先端有刺尖，基部稍狭，两面凸起，有毛，包于宿存的花萼中。花期7～8月，果期9～10月。

生于山坡、草地、路旁及沙质地上。

可作四旁绿化材料。为优良的饲用植物，幼嫩枝条各种家畜均喜食，亦可作绿肥。

山　槐

Maackia amurensis Rupr. et Maxim.

别名：朝鲜槐
科属：豆科马鞍树属

落叶乔木。高15m。奇数羽状复叶，互生，小叶5～11枚，倒卵形。顶生总状花序或复总状花序；花萼壶形；花冠蝶形，白色；雄蕊10，分离，基部合生。荚果褐色，长圆形。花期6～7月，果期8～9月。

生于阔叶林内、林缘、溪流附近和山坡灌丛间。

树冠大，枝叶繁茂，白花串串，素洁幽雅，方向沁脾，为颇佳之观花、观叶树种。花入药，味苦，性凉。清热、凉血、止血。

苦　参

Sophora flavescens Ait.

别名：牛人参　地槐
科属：豆科槐属

亚灌木或多年生草本，高0.5～1.2cm。上部分枝呈帚状；小枝绿色。叶互生，奇数羽状复叶，小叶11～29，披针形或线状长圆形，全缘，有柄。总状花序顶生，长10～20cm；蝶形花冠淡黄色。荚果圆筒形，暗栗褐色，念珠状。花期6～7月；果期8～10月。

生于沙质地、草原及干山坡。

可作园林绿化材料；纤维植物；根入药。

山槐

山槐

山槐

苦参

野火球

野火球

Trifolium lupinaster L.

科属：豆科车轴草属

多年生草本，高30～60cm，有柔毛。掌状复叶，小叶5，无柄，披针形或狭椭圆形，边缘细锯齿，两面具明显叶脉。球形花腋生，梗短；花萼钟状；花冠紫红色，较花萼长。荚果长圆形。种子近圆形。花期7～8月；果期8～9月。

生于林缘、草地；喜沙质土壤。

可作园林绿化材料；全草入药。

白车轴草

Trifolium repens L.

别名：白三叶　白花苜蓿

科属：豆科车轴草属

多年生匍匐状草本，长30～60cm。茎蔓生，节生根。叶互生，掌状三出复叶；叶柄较长；小叶倒卵形，有时近圆形，边缘有细锯齿。球形花序顶生，密集；蝶形花冠白色，具香气。荚果长圆形。花果期5～9月。

生于草地、河岸、路旁；喜湿润土壤。

开花多，绿色期长，常用于缀花草坪及斜坡绿化，具有保持水土的作用；全草入药。

野火球

山野豌豆

山野豌豆

Vicia amoena Fisch. et DC.

别名：透骨草　豆豆苗　宿根苕子

科属：豆科野豌豆属

多年生蔓生草本，高(长)20～100cm。茎四棱形。叶互生，偶数羽状复叶，小叶8～12枚，长椭圆形或长披针形，先端圆钝。花序总状，深蓝色或紫红色蝶形花腋生；萼斜钟状。荚果窄矩形。种子椭圆形。花期6～8月；果期8～9月。

生于沟边、路旁、山坡林缘。

可作城市绿化地被植物。

白车轴草

白车轴草

白车轴草

广布野豌豆

Vicia cracca L.

别名：草藤　落豆秧　苕子
科属：豆科野豌豆属

多年生蔓生草本，高20～40cm。叶互生，羽状复叶，小叶10～24，有卷须；小叶披针形，长圆状线形，全缘。总状花序腋生，小花7～15朵；蝶形花冠淡蓝色或蓝紫色。荚果长圆状菱形或长圆形。花期6～8月；果期7～9月。

生于山坡林缘、沟边、路旁。

可作饲料和绿肥；全草入药。

广布野豌豆

广布野豌豆

歪头菜

Vicia unijuga A. Br.

别名：草豆　两叶豆苗
科属：豆科野豌豆属

多年生草本。株高30～80cm。茎直立或斜升，多丛生，有细棱，具柔毛。偶数羽状复叶，仅有小叶1对，叶轴末端的卷须不发达。总状花序，腋生，有8～20朵花，花序梗比叶片长，花冠蓝色或蓝紫色。花期6～8月，果期8～9月。

分布于林缘、草地、山谷、岸边。

用作城市绿化地被植物。

歪头菜

山酢浆草

Oxalis griffithii L.

别名：小山锄板
科属：酢浆草科酢浆草属

多年生草本。高7cm。根状茎斜生，节处多鳞片。顶生3小叶，小叶倒心形或三角形。顶生1花；萼片卵形；花瓣白色；雄蕊10；子房卵形，花柱5，细长。蒴果近球形，成熟时红棕色。花、果期5～8月。

生于针叶林、阔叶林、杂木林下或灌丛阴湿地。

伏地似毯，别具一格，为观叶草本。花入药，可活血化瘀，清热解毒。

山酢浆草

山酢浆草

毛蕊老鹳草

毛蕊老鹳草

Geranium eriostemon Fisch.

科属：牻牛儿苗科老鹳草属

多年生草本，高30～60cm。茎直立，单一。叶片肾状五角形，掌状5中裂或略深，裂片菱状卵形，边缘具浅缺刻状或圆的粗齿，微尖头，表面伏生白色长毛，背面被柔毛或仅沿脉上具柔毛。聚伞花序顶生，花序柄2～3枚出自1对叶状苞片腋间，顶端各具2～4花；萼片1cm，花径约3cm，花瓣蓝紫色。蒴果长2～3.5cm；种子褐色。花期6～7月；果期8～9月。

生于山坡草地及林缘。

可作园林绿化；全草入药。

毛蕊老鹳草

兴安老鹳草

Geranium maximowiczii Regel et Maack

别名：太阳花 老鹳草

科属：牻牛儿苗科老鹳草属

多年生草本，高50～65cm。茎直立，多2次分枝。叶对生，近肾圆形，5深裂，裂片菱状矩圆形；下部叶近3裂，几无柄。花序腋生，2花，柄长，有微柔毛，花柄在果期下弯；萼片长等于花瓣；花瓣紫红色，长约1cm。蒴果长约2.5cm，有微柔毛。花期6～7月；果期8～9月。

生于山坡草地、林缘；喜阳光充足的环境。

可作园林绿化；为营养丰富的山野菜；全草入药。

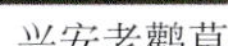
兴安老鹳草

兴安老鹳草

突节老鹳草

突节老鹳草

突节老鹳草

Geranium sieboldii Maxim.

科属：牻牛儿苗科老鹳草属

多年生草本，高40～80cm。茎直立，向上2～3次2歧分枝。叶片肾形或圆形；基生叶或茎生叶掌状5～7深裂至离基部不远处；上部茎生叶裂片2～3深裂，有缺刻或粗锯齿，表面有伏毛，背面沿脉具伏毛。花序顶生及腋生，具2花；花柄具白伏毛，且果期下弯；花瓣淡红色或苍白色。蒴果长约2.5cm。种子具极细小点。花期6～7月；果期8～9月。

生于草甸、灌丛、路边、林缘。

花期长，叶形好，可作绿化观赏花卉；全草入药。

白　鲜

Dictamnus dasycarpus Turcz.

别名：白藓　八股牛　野花椒

科属：芸香科白鲜属

多年生草本，高40～100cm，基部木质，直立，全株浓香。叶互生，9～13枚奇数羽状复叶，小叶卵形至卵状披针形，边缘细锯齿，纸质，沿脉被毛。总状花序顶生，花淡红色，稀为白色；萼片5线形，宿存；花瓣5。蒴果5室，裂瓣顶端喙状，果被腺点和柔毛。花期5～7月；果期8～9月。

生于林缘、疏林下及灌丛、草甸中。

可作花坛或庭院观赏植物；根、皮入药。

白鲜

白鲜

黄檗

黄　檗

Phellodendron amurense Rupr.

别名：黄菠萝

科属：芸香科黄檗属

落叶乔木。高15～20m。木栓层发达，内皮鲜黄色，味苦。奇数羽状复叶，对生，小叶5～13枚，卵状披针形。雌雄异株；聚伞圆锥花序，花小；萼片5；花瓣5，长圆形，黄绿色；雄蕊5，花丝线形，黄色；雌蕊子房有短柄，花柱短，柱头5裂。果为核果状浆果，球形，成熟时紫黑色。花期5～6月，果期7～10月。

生于山间河岸、溪流附近，谷地及低山坡或杂木林、针阔混交林中。

树姿优美，羽状复叶清秀，树皮木栓层厚，富有观赏价值。果实、树皮入药。

林大戟

Euphorbia lucorum Rupr.

别名：猫眼草

科属：大戟科大戟属

多年生草本，高20～70cm。茎直立，单一不分枝。叶互生，无柄，长圆形或卵状披针形，基部圆形，先端钝圆或稍尖，边缘有细锯齿。总状花序顶生，通常具5～8伞梗，伞梗顶端各具3～5小伞梗，顶端具2广卵形小苞片及1～3杯状聚伞花序，杯状总苞淡黄色，缘部4裂，腺体4。蒴果近球形，3瓣裂。种子卵圆形褐色。花果期5～7月。

生于山坡、林缘、路旁；喜湿润处。

花、叶奇特，可置花坛观赏；根入药。

黄檗

黄檗

林大戟

林大戟

刺芽南蛇藤

Celastrus flagellaris Rupr.

别名：刺叶南蛇藤　刺苞南蛇藤　爬山虎
科属：卫矛科南蛇藤属

藤状灌木，长可达10m。皮粗糙，枝上对生钩状刺。单叶互生；柄长约2.5cm；叶片宽椭圆形或近圆形，先端短锐尖；边缘有细锯齿。聚伞花序腋生，1～3或多花成簇；淡黄色花，花梗短，5枚。蒴果扁球形。假种皮橘红色。花期6～7月；果期8～9月。

生于山谷、林缘或灌丛中。

庭院绿化材料；果、茎、根均入药。

刺芽南蛇藤

卫　矛

Euonymus alatus (Thunb.) Sieb.

别名：鬼箭羽　四棱树
科属：卫矛科卫矛属

灌木，高可达3m。小枝硬直而斜出，通常四棱形。叶对生，狭侧卵形；边缘有细锐锯齿。聚伞花序腋生，花黄绿色。蒴果4深裂，紫色。种子具粉红色假种皮。花期5～6月；果期9～10月。

生于山坡草地、混交林中及林缘。

可用于庭院绿化及置于假山石旁作配景；根、枝、叶均入药。

卫矛

卫矛

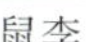
鼠李

华北卫矛

鼠李

华北卫矛

Euonymus maackli Rupr.

科属：卫矛科卫矛属

落叶灌木或小乔木，高3～4m。树皮暗灰色，浅纵裂；枝圆柱状四棱形，无毛，灰褐色，小枝绿色或灰绿色。芽小，卵状圆锥形，萌枝芽稍大。叶对生，托叶小；叶柄长5～12mm，为叶片长的1/5～1/4；叶片披针状长圆形或长圆形，长4～11cm，宽2～4cm，基部楔形或近圆形，先端长渐尖或渐尖，边缘具锐尖细锯齿，革质，光滑。聚伞花序，具十余朵花，花径1～1.5cm，萼4裂，裂片近圆形，径约1.5mm，较短；花瓣4，长圆形或长圆状倒卵形，长3～4mm，宽1.5～2mm，先端钝，带黄白色，雄蕊4，花丝长2～4mm，花药暗紫红色，子房光滑，花柱圆筒状，与雄蕊近等长，花盘绿色。蒴果无翅，倒圆锥形，4深裂，直径约1cm，成熟时粉红色。种子红色。假种皮橘红色。花期5～6月，果期9月。

生于河边、阔叶林内、沙地。

木材黄白色，致密，稍硬，可供细木工、雕刻及器具等用。根皮含硬质橡胶。可作庭园绿化树种。

鼠　李

Rhammnus davurica Pall.

别名：大叶鼠李
科属：鼠李科鼠李属

落叶小乔木。高10m。单叶近对生或丛生于短枝顶部；叶柄粗壮，表面有沟，沟内有棕色柔毛；叶片倒卵形。花单性，黄绿色，2～5朵簇生于短枝叶腋；花萼、雄蕊4。浆果状核果球形，成熟时紫色。花期5～6月，果期9月。

生于针阔混交林及杂木林下或林缘、河沟两岸、崖坡等地。

枝叶繁茂，浆果紫红，可作观赏植物。果实入药，味苦、甘，性凉。清热利湿，消积杀虫。

茶条槭

Acer ginnala Maxim.

别名：茶条木　茶条
科属：槭树科槭树属

落叶灌木或小乔木，高3～6m。树皮灰色，粗糙。单叶对生，卵形，常3裂或不明显5裂，顶端渐尖，基部圆形或近心形，边缘不整齐疏锯齿。伞房花序顶生；萼片5；花瓣5，白色。小坚果嫩时有柔毛，两翅直立成锐角。花期5～6月；果熟期9月。

生于河岸、向阳山坡，散生或成丛。

可供观赏；叶可代茶；叶、芽入药。

茶条槭

茶条槭

茶条槭

茶条槭

白扭槭

白扭槭

Acer mandshuricum Maxim.

科属：槭树科槭树属

乔木，高约20m。树皮浅纵裂。叶对生，三出复叶；小叶长圆状披针形，边缘钝锯齿。伞房花序，3～5花组成，柄短；花5数，黄绿色。翅果开展成锐角或近直角。花期5～6月；果熟期9月。

生于混交林或杂木林中。

优美观赏树种；优质木材，可制作家具、乐器。

色木槭

Acer mono Maxim.

别名：五角槭

科属：槭树科槭树属

落叶乔木。高达20m。单叶对生，无托叶，叶片五角形，5～7深裂。伞房花序顶生，花多数，黄绿色；萼片、花瓣5；雄蕊多数。小坚翅果扁平。花期5～6月，果期8～9月。

生于针阔混交林的林缘或林内、阔叶林、灌木丛中、沟谷边。

树形优美，花香扑鼻，秋天红叶相衬，妙趣横生，韵味极佳。花入药。祛风除湿，活血消肿。

色木槭

色木槭

东北凤仙花

Impatiens furcillata Hemsl.

科属：凤仙花科凤仙花属

一年生草本，高30～80cm。茎直立，细弱，具分枝，茎上部及小分枝、总花梗均被稀少红褐色腺毛。叶互生，茎顶部者有时近轮生，叶柄长0.2～3cm，叶片菱状披针形或卵状披针形，长2～12cm，宽0.5～4.5cm，基部楔形，有时沿叶柄下延，先端渐尖，边缘具锐锯齿，齿端具小刺，背面色淡，叶肉内密被棒状突起。总状花序，腋生，总花梗长3～9cm；苞叶小，线状披针形或线形，花较小，长1～2(2.5)cm，带白色、淡黄色、淡紫色或间有多色，有淡红紫色斑点，萼片3，侧生2枚卵形，绿色，中央1枚似花瓣，为钟状漏斗形，基部为延长的细距，末端常向上旋涡状卷曲，长可达1.5cm；旗瓣卵圆形，背面中肋有龙骨状突起，先端有短喙，翼瓣2裂，基部裂片近卵形，先端尖，上部裂片大，长卵形或歪卵形，先端钝尖。蒴果长1～1.8cm，宽约2mm。种子3～4，椭圆形，黑褐色，长约3mm，宽约2mm。花果期8～9月。

生于山谷溪流旁、林下及林缘湿草地上。

可布置花坛、花境。

东北凤仙花

水金凤

Impatiens noli-tangere L.

别名：辉菜花
科属：凤仙花科凤仙花属

一年生草本，高40～100cm。茎直立，多分枝。叶互生，卵圆形至卵形，边缘具粗锯齿；聚伞状花序，花黄色；蒴果，棒状，种子深褐色。花期6月；果期7～8月。

生于山地阴湿处及溪流旁；喜光好水，不耐寒。

可布置花坛、花境。

水金凤

水金凤

山葡萄

山葡萄

紫椴

山葡萄

Vitis amurensis Rupr.

别名：野葡萄　阿穆尔葡萄

科属：葡萄科葡萄属

木质藤本，长10～17m。叶互生，广卵形，不分裂或3～5中裂，边缘具粗锯齿，有长柄，柄上有毛。圆锥花序与叶对生，多花，花5数，小型，黄绿色。球形浆果，黑色，具浓厚的蓝色果霜而呈黑蓝色。种子2～3个，卵圆形，稍带红色。花期5～6月；果期8～9月。

生于乔木或灌木丛边缘。

可作园林绿化材料；果可鲜食、酿酒；果、茎入药。

紫　椴

Tilia amurensis Rupr.

别名：籽段

科属：椴树科椴树属

国家重点保护野生植物。乔木，高15～30m。树冠卵形。树皮浅纵裂。叶卵形或近圆形，先端尾状，茎部心形，边缘粗锯齿；叶柄长2.5～3cm。聚伞花序长4～8cm。萼片5，花5数，黄白色。核果球形或椭圆形。种子倒卵形。花期6～7月；果期9月。

生于阔叶、红松混交林中，常见于山坡上。

为优良庭院绿化树种；优良的蜜源树种；优质木材；花入药。

紫椴

紫椴

苘　麻

Abutilon theophrasti Medicus

别名：青麻　冬葵子　椿麻　塘麻　白麻

科属：锦葵科苘麻属

一年生亚灌木状草本，高1～2m。茎直立，上部分枝。单叶互生，具长柄；叶片圆心形，先端长尖，基部心形，边缘具疏密不等的粗齿。花单生叶腋，有花梗；萼片5裂；花冠鲜黄色，径约1cm多；花瓣5，宽倒卵形，先端浑圆，具浅棕色脉纹。蒴果尖球形。种子三角状扁肾形。花期6～7月；果期8～9月。

生于路边、田野、堤边。

茎皮纤维可做绳索；种子榨油；全草及种子入药。可布置花境及切花。

野西瓜苗

Hibiscus trionum L.

别名：小秋葵　香铃草　灯笼花

科属：锦葵科木槿属

一年生草本，高20～50cm。茎直立，多分枝。叶柄具硬毛，近基部叶片近圆形，边缘齿裂或稍浅裂，中、上部叶片掌状3全裂。花单生叶腋；小苞片多数，线形；萼5裂。花冠淡黄色，基部紫色。蒴果近球形。种子黑褐色。花期6～7月；果期8～9月。

生于草地、山坡、河边、路旁、田埂。

可供观赏；根及全草入药。

苘麻

苘麻

野西瓜苗

野西瓜苗

长柱金丝桃

长柱金丝桃

Hypericum longistylum L.

别名：红旱莲　中心草　黄海棠　黄花刘寄奴

科属：藤黄科金丝桃属

多年生草本，高达1m余。叶对生，椭圆形，顶端钝圆，基部渐尖，全缘，几无柄。单花或聚伞花序顶生及腋生，花大，鲜黄色；萼片披针形；花瓣5；花柱细长，长达子房5倍，顶端5裂。蒴果矩圆形。花期7～8月；果期8～9月。

生于山坡、林缘、灌丛和湿草甸子。

可作观赏花卉；全草入药。

长柱金丝桃

鸡腿堇菜

Viola acuminata Ledeb.

别名：鸡腿菜　走边疆　光叶堇　胡森堇菜

科属：堇菜科堇菜属

多年生草本，高10～50cm。茎直立，有白毛，常分枝。茎生叶心形，边缘有钝锯齿，顶端渐尖；托叶草质，卵形，边缘有撕裂状长齿，顶端尾尖。花两侧对称，具长梗；萼片5；花瓣5，白色或淡紫色，距长约1mm，囊状。蒴果椭圆形。花果期5～9月。

生于林下、林缘、灌丛、河谷湿地。

可作园林绿化材料；全草入药。

鸡腿堇菜

双花堇菜

Viola biflora L.

科属：堇菜科堇菜属

多年生草本植物，高3～20cm。根状茎纤细，具节。茎纤细，常具3节。叶肾形，少近圆形或阔卵形，边缘具浅齿或圆齿。5～6月开花，花1～3朵，生于茎上部叶腋；花梗细，花瓣淡黄色至黄色，长圆状倒卵形，具明显的褐色脉纹，侧瓣无须毛，下瓣连距长约1cm，距短小，微超出萼基部。蒴果长圆状卵形，长4～7cm，无毛。

生于海拔800～4100m的草坡、林下、林缘、灌丛下。

可作城市绿化地被植物。

东北堇菜

Viola mandshurica W. Beck

别名：紫花地丁

科属：堇菜科堇菜属

多年生草本，无地上茎，高5～20cm。叶卵状披针形、舌形或长圆形，先端圆钝，边缘有波状锯齿。花具长梗，超出叶长；花两侧对称，径约2cm；萼片5，卵状披针形；花瓣5，紫堇色，距粗管状，稍上弯。蒴果椭圆形。花果期5～8月。

生于向阳草地、山坡、灌丛、林缘及田野。

可作园林绿化材料；全草入药。

奇异堇菜

Viola mirabilis L.

别名：伊吹堇菜

科属：堇菜科堇菜属

多年生草本，高8～25cm。花梗自基生叶间抽出后，渐出地上茎。基生叶有柄，叶片肾状广椭圆形或圆状心形，先端渐短突尖或有时钝圆，基部心形，边缘有渐浅圆齿。花梗较长；花较大，下瓣连距长1.5～2.5cm，紫堇色或淡紫色。蒴果椭圆形。花期5～7月；果期6～8月。

生于混交林下、林缘、山坡、灌丛。

可作栽培花卉用。

东北堇菜

双花堇菜

双花堇菜

奇异堇菜

早开堇菜

白花堇菜

Viola patrinii DC. Ex Ging.

别名：白花地丁
科属：堇菜科堇菜属

多年生草本； 根状茎短， 根赤褐色或暗褐色。无地上茎。托叶1/2～3/4与叶柄合生，离生部分披针形或条状披针形，全缘或有细齿；叶柄长2～12cm，上部有翅，无毛或有时下部被白色短毛；叶片椭圆形至长圆形，或卵状椭圆形至卵状长圆形，长2～6cm，宽0.5～2cm，先端钝，基部微心形、截形或宽楔形，下延于叶柄，边缘有稀疏的很平的圆齿，有时近全缘，两面无毛，有时有细短毛，果期叶通常较大，基部常呈心形或箭形，叶缘的下部常有稍大的尖牙齿。花白色；花梗少数至多数，通常超出叶，有时与叶近等长；苞片生于花梗中部；萼片5，卵状披针形至披针形，基部附属物短，长约1mm；花瓣5，带紫色脉纹，侧瓣里面有须毛，下瓣连距长9～15mm，距短粗，呈囊状，长1.5～3mm，稍超出萼的附属物。蒴果无毛。 花、果期5～9月。

生于林缘、溪边湿草地。

全草药用，有清热解毒、凉血消肿的功效。可作城市绿化地被植物。

早开堇菜

Viola prionantha Bunge

科属：堇菜科堇菜属

多年生草本，高5～20cm。无地上茎。叶片长圆状卵形或卵形，叶短。苞生于花梗的中部附近；花瓣紫堇色或淡紫色，上瓣倒卵形，侧瓣长圆状卵形，下瓣中下部为白色并具紫色脉纹。蒴果椭圆形。花果期4月中旬至9月。

生于向阳草地、山坡、荒地、路旁。

早春花卉；全草入药。

白花堇菜

白花堇菜

白花堇菜

斑叶堇菜

Viola variegata Fisch. ex Link

科属：堇菜科堇菜属

多年生草本，无地上茎。根状茎通常较短而细，长4～15mm，节密生，具数条淡褐色或近白色长根。叶均基生，呈莲座状，叶片圆形或圆卵形，长1.2～5cm，宽1～4.5cm，先端圆形或钝，基部明显呈心形，边缘具平而圆的钝齿，上面暗绿色或绿色，沿叶脉有明显的白色斑纹，下面通常稍带紫红色，两面通常密被短粗毛，有时较稀疏或近无毛；叶柄长短不一，长1～7cm，上部有较狭的翅或无翅，被短粗毛或近无毛；托叶淡绿色或苍白色，近膜质，2/3与叶柄合生，离生部分披针形，先端渐尖，边缘疏生流苏状腺齿。花紫红色或暗紫色，在中部有2枚线形的小苞片；萼片通常带紫色，长圆状提琴形或卵状披针形；花瓣倒卵形，侧方花瓣里面基部有须毛，下方花瓣基部白色并有堇色条纹，连距长1.2～2.2cm；距筒状。种子淡褐色，小型，长约1.5mm，附属物短。花期4月下旬至8月，果期6～9月。

生于山坡草地、林下、灌丛中或阴处岩石缝隙中。

可作城市绿化地被植物。

斑叶堇菜

瑞香狼毒

Stellera chamaejasme L.

别名：断肠草　红狼毒

科属：瑞香科狼毒属

多年生草本，丛生，高20～50cm，头状花序。花冠背面红色，腹面白色。叶互生，无柄，披针形至卵状披针形，全缘，无毛。

生长于高海拔的山坡和牛场。

根入药，有大毒，能散结、逐水、止痛、杀虫，主治水气肿胀、淋巴结核、骨结核；外用治疥癣、瘙痒、顽固性皮炎，杀蝇、杀蛆。根也作蒙药用（蒙药名：达伏图茹），能杀虫、逐泻、止腐消肿。近年来还被用于生物农药。以毒攻毒，取得明显效果。康巴藏语称为“阿交如交”。其根可以用来造纸。可作观赏。

瑞香狼毒

瑞香狼毒

千屈菜

千屈菜

千屈菜

Lythrum salicaria L.

别名：水枝锦　水柳　大关门草
科属：千屈菜科千屈菜属

多年生挺水草本植物，高30～100cm。茎直立，四棱形。叶对生或3片轮生，披针形或宽披针形，有时基部略抱茎，叶全缘，无柄。长总状花序顶生，花数朵簇生于叶状苞叶内，花梗及花序柄均短；花两性，花萼长筒状，裂片4～6；花瓣6，深紫色。蒴果扁圆形。花果期6～9月。

生于沟边、田埂及湿润的草丛中。

适于水边丛植或水池栽植，也可作花境背景材料和盆栽观赏；全草入药。

东北菱

Trapa mandshurica Flerov

别名：菱角
科属：菱科菱属

一年生水生浮叶型草本植物。叶二型：沉水叶羽状细裂，裂片丝状；漂浮叶聚生茎顶，叶片三角状菱形或广菱形。花小，单生叶腋，有短柄；萼筒短，萼片4；花瓣4，白色。坚果三角形至菱形，具4个刺状角。花果期7～9月。

生于水泡子、池塘。

可用于水面绿化美化；菱角果实可作蔬菜、水果；全草入药。

东北菱

柳兰

柳兰

柳　兰

Chamaenerion angustifolium (L.) Scop.

别名：红筷子　遍山红
科属：柳叶菜科柳兰属

多年生草本，高80～150cm。茎直立，不分枝。叶互生，披针形，先端渐尖，基部楔形，边缘细锯齿，两面被微毛，有柄。总状花序顶生，长30～60cm；花瓣4，倒卵形，长1～1.5cm，紫红色，顶端圆形，基部具短爪。花期6～8月；果期8～10月。

生于山坡、林缘、火烧迹地。

花大色艳，可供观赏；可提制栲胶；根茎入药。有小毒。

牛泷草

Circaea cordata Royle

别名：水珠草　露珠草　夜抹光　三角叶
科属：柳叶菜科露珠草属（谷蓼属）

多年生草本，高40～70cm。全株密生柔毛。叶对生，卵状心形或广卵形，边缘具不明显锯齿及短毛，基部心形。花序单一顶生或腋生，花梗密被短腺毛；萼片绿色；花瓣白色；花柱细长，伸出花冠。果实近球形。花期6～7月；果期8月。

生于林缘、灌丛或山坡疏林中。

全草入药。可作城市绿化应用。

牛泷草

牛泷草

月见草

红瑞木

月见草

月见草

Oenothera biennis L.

别名：夜来香　山芝麻　绮霄草
科属：柳叶菜科月见草属

二年生草本，高50～140cm。基生叶丛生呈莲座状，茎生叶互生，下部叶狭长披针形，上部叶稍短小，边缘疏锯齿或全缘。花单生于上部叶腋，淡黄色或黄色，径4～5cm。蒴果长圆形。花期6～7月；果期7～9月。

生于向阳山坡、路旁、荒地或河岸沙砾地。

此种夜间开花，香气袭人，可作园林、花坛绿化材料，适于点缀夜间；种子油含r-亚麻酸，用于心脑血管疾病；根入药。

红瑞木

Cornus alba L.

别名：红瑞木茱萸　凉子木
科属：山茱萸科梾木属

灌木，高3～4m。干直立，丛生。嫩枝橙黄色有蜡粉，后变红紫色。叶对生，卵形至椭圆形，疏生柔毛及缘毛，秋季经霜变红。伞房状聚伞花序顶生；花小，乳白色；花瓣4，卵舌形。核果球形，乳白色或稍带蓝色。花期5～7月；果期7～8月。

生于河岸、溪旁、混交林下或林缘。

庭院观赏绿化灌木；种子榨油供工业用；树皮、枝条及叶入药。

红瑞木

辽东楤木

辽东楤木

刺五加

Acanthopanax senticosus (Rupr. et Maxim.) Harms

别名：五加参　刺拐棒
科属：五加科五加属

灌木，高1～3m。分枝多，密生针状刺。叶互生，掌状复叶5，稀3；叶柄疏生细刺；小叶卵圆形或狭倒卵形，边缘有锐利重锯齿，下面被粗糙伏毛。伞房花序，多数花排列成球形；花有柄，5数，紫黄色。浆果状核果，球形，紫黑色，有5棱。花期6～7月；果期8～9月。

生于林缘、山坡或灌丛。

叶、花、果均具特色，可作绿化树种；叶具特异清香味，可代茶；种子可榨工业用油；根入药。

辽东楤木

辽东楤木

Aralia elate (Miq.) Seem.

别名：龙牙楤木　鹊不踏　刺龙牙　刺老鸦
科属：五加科楤木属

落叶小乔木，高2～8m。小枝生细刺，嫩枝刺较长。二至三回奇数羽状复叶，小叶7～13枚，卵形，边缘疏生锯齿，有时为粗大牙齿。花序顶生，多为圆锥花序，呈伞形；花5数，淡黄白色。果实球形，由红变黑。花期7～8月；果熟期9月。

生于针阔混交林中和林缘、沟边、火烧迹地。

可作绿化树种；嫩叶、芽为山野菜；根入药。

刺五加

刺五加

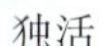

独活

东北羊角芹

Aegopodium alpestre Ledeb.

别名：小叶芹
科属：伞形科羊角芹属

多年生草本。高30～60cm。茎直立，中空。叶片三角形，二至三回羽状全裂；茎生叶柄短，基部鞘状抱茎。复伞形花序，伞柄10～16cm；小伞形花序有15～20朵花，花瓣白色。双悬果卵状长圆形。花期7～8月，果期9～10月。

生于针阔混交林、杂木林的林缘、林间草地及山区路旁。

可作城市绿化地被植物。

独　活

Angelica dahurica (Fisch.) Benth. et Hook. ex Franch.

别名：大活　走马芹　白芷
科属：伞形科当归属

多年生大型草本，高1～2.5m。茎粗壮，圆柱形，中空，常带紫色。茎生叶互生，有长柄，基部为半圆形叶鞘；二至三回羽状复叶；小叶片披针形至长圆形，基部下延呈翅状；边缘具不整齐锯齿；茎上部叶无柄仅有叶鞘。复伞形花序，伞幅22～38枝，花小，白色。总苞1～2片，花梗十余个；花瓣倒卵形，先端内凹。双悬果近圆形。花果期7～9月。

生于湿草甸子、灌丛及沟旁。

果实可提挥发油；根入药。可作城市绿化地被植物。

独活

东北羊角芹

东北羊角芹

狭叶柴胡

Bupleurum scorzonerifolium Willd.

别名：红柴胡　细叶柴胡
科属：伞形科柴胡属

多年生草本。高30～65cm。主根粗壮，侧根少，外皮红褐色。茎单一或数个，上部多分枝，光滑无毛。单叶互生；根出叶有长柄；叶片线状披针形，长7～15cm，宽2～6mm，先端渐尖，叶脉5～7条。复伞形花序；小苞片5；花小，黄色；花瓣5，先端内折；雄蕊5。双悬果，长圆形，分生果有5条果棱，幼果横切面每个棱槽有油管3个。花期7～8月，果期8～9月。

生于干燥草原坡地、干燥山坡及灌丛间。

其植株生长茂盛，复伞形花序，金黄色小花小巧别致，为观花植物。根、花入药。

狭叶柴胡

狭叶柴胡

毒　芹

Cicuta virosa L.

科属：伞形科毒芹属

多年生草本。高50～120cm。无毛。根状茎绿色，节间相接，内部有横隔。茎粗，中空，分枝。叶矩圆形至三角状卵形，长11～30cm，二至三回羽状复叶，小叶矩圆状披针形，长4～8cm，叶缘有粗锯齿。复伞形花序顶生，直径8～11cm；总花梗长4～15cm；无总苞或有1～2片，披针形；伞梗多数，近等长；小总苞数个，条形；花白色。双悬果卵形，接合面缢缩。花期7～8月，果期8～9月。

生于河边、水沟边、沼泽、湿草甸子、林下水湿地。

可作城市绿化地被植物。

毒芹

毒芹

紫花变豆菜

紫花变豆菜

Sanicula rubriflora Fr.

别名：鸭巴芹　紫花芹　鸡爪芹　大叶芹
科属：伞形科变豆菜属

多年生草本，高20～50cm。茎直立，通常2，表面具细棱。基生叶4～8枚，叶柄特别长，基部鞘状；叶掌状3全裂，中裂片顶端3浅裂，两侧叶片2中裂或深裂，小裂片顶端呈3缺刻状，叶裂片边缘具稍不整齐锯齿；茎生叶2枚，无柄，对生于茎顶，形似总苞，3深裂。3个小伞形花序，数朵花集成半球状；花瓣深紫红色。双悬果卵圆形。花期5～6月；果期6～7月。

生于杂木林或阔叶林下、林缘、灌丛、湿草甸子。

可作早春花卉；幼苗为山野菜；民间用其根作利尿药。

红花鹿蹄草

紫花变豆菜

红花鹿蹄草

Pyrola incarnata Fisch. DC.

别名：鹿寿草
科属：鹿蹄草科鹿蹄草属

多年生常绿小草本。高达25cm。根状茎细长，横生或斜生。叶于基部簇生，3～5片，革质，圆形或卵圆形，长宽近相等，约4cm，叶缘有不明显的细小圆齿，光滑无毛，两面叶脉凸起，明显。叶柄长约4cm。总状花序，花茎长2.5cm，有1～2个卵状披针形苞片；花7～15朵，下垂，微紫红色，宽钟状，直径12-15mm。蒴果扁圆球形，直径7～8mm。花期6～7月，果期8月。

生于高山林内。

其植株常绿，小巧玲珑，花期红花下垂，美丽可爱，为观花、观叶植物。全草入药。

红花鹿蹄草

红花鹿蹄草

圆叶鹿蹄草

Pyrola rotundifolia L.

别名：冬绿
科属：鹿蹄草科鹿蹄草属

多年生常绿草本。高10～20cm。根状茎细长，横走。基生叶丛生，革质，圆卵形。总状花序，有8～15朵花，每花有披针形小苞；萼片狭披针形；花冠广开，白色或稍带蔷薇色，有香气；花柱基部向下弯曲，与柱头相接处环状加粗。蒴果。花期6～7月，果期8月。

生于针阔混交林及针叶林、林缘、山坡、灌丛中。

其植株常绿，小巧玲珑，花期红花下垂，美丽可爱，为观花、观叶植物。全草入药。

细叶杜香

Ledum palustre var. *angustum* L.

别名：白山茶
科属：杜鹃花科杜香属

常绿小灌木。高40～50cm。上部分枝多而细，树皮常为灰褐色，稍剥离；幼枝黄褐色，密生褐色绒毛；芽卵形，鳞片密生褐色绒毛。单叶，互生；柄长1～2mm；叶片狭线形，长1～2.5cm，宽1.5mm，上面深绿色，中脉凹下，下面中脉凸起，边缘反卷。伞形花序，生于去年枝顶，花白色，有细梗，长10～20mm；萼5，圆形，先端尖；花冠5，深裂；雄蕊10；花柱宿存。蒴果卵形，有褐色细毛。花期6～7月，果期7～9月。

生于泥炭藓类沼泽中或落叶松林缘、湿润山坡。

其植株常绿，芳香扑鼻，花密集洁白，为观花、观叶植物。枝、叶、花入药。可提取芳香油。

圆叶鹿蹄草

圆叶鹿蹄草

细叶杜香

细叶杜香

牛皮杜鹃

牛皮杜鹃

兴安杜鹃

兴安杜鹃

牛皮杜鹃

Rhododendron chrysanthum Pallas.

别名：牛皮茶
科属：杜鹃花科杜鹃花属

常绿小灌木，茎粗横生，侧枝斜升，高10～25cm；有宿存的叶芽鳞。叶宽倒披针形或倒卵形，长2.5～8cm，宽1～3.5cm，顶端钝或圆，基部楔形，边缘外弯，上面有皱纹，下面无毛或中脉和侧脉上有幼毛的残余，网脉明显；叶柄长约5mm，无毛。顶生伞房花序有花5～8朵，总轴长1cm；花梗直立，长3cm，有红毛，包于宿存芽鳞和苞片内；花萼小，有波状边缘和丛卷毛；花冠宽钟状，长约3cm，黄色，裂片5，不等大，上方1片最大，多少有斑点；雄蕊10，花丝下部有毛；子房有锈色绒毛，花柱无毛。蒴果矩圆形，5裂，略有绒毛。

生高山石质苔藓层上。

优良观赏灌木。

兴安杜鹃

Rhododendron dauricum L.

别名：达子香　金达莱　满山红
科属：杜鹃花科杜鹃花属

黑龙江省重点保护野生药材物种。半常绿灌木，高1～2m。多分枝。叶互生，薄革质，长卵形；叶柄短。花1～4朵顶生或侧生枝端，先叶或与叶同时开放；花瓣5；花冠漏斗状，紫红色；雄蕊10，伸出花冠，花药红紫色。蒴果短圆柱形。花期4月25日至5月；果熟期7月。

生于山坡石壁、阔叶林疏林下及荒山灌木丛中；宜酸性土壤。

可作庭院观赏树种；叶可提取芳香油；叶、根入药。

兴安杜鹃

东北点地梅

Androsace filiformis Retz.

别名：白花珍珠草　五星草　佛顶珠　天星花　五朵云
科属：报春花科点地梅属

一或二年生草本，高6～15cm。叶基生，呈莲座状，有细柄；叶片卵圆形，有钝齿。数条花莛自基部叶腋抽出，高于基生叶。伞房花序，花冠白色，筒状，5裂。蒴果球形。花期4～5月；果期5～6月。

生于山野草地、林下、路旁、田埂；喜阳光。

早春园林绿化配置材料；全草入药。

东北点地梅

东北点地梅

狼尾花

狼尾花

狼尾花

Lysimachia barystachys Bunge

别名：狼尾珍珠草　虎尾草　血经草
科属：报春花科狼尾花属

多年生草本，高50～100cm。叶互生或近对生，长圆状披针形至倒披针形、线形，近无柄。总状花序顶生，花密集成穗状，常呈弧形偏向一侧；花萼裂片长圆形；花冠白色，5深裂；雄蕊内藏。蒴果球形。花期5～7月；果期8～9月。

生于山坡灌丛、林下及河套沙质地。

可作庭院观赏及花坛绿化植物；全草及根入药。

黄连花

Lysimachia vulgaris L. var. *davurica*

别名：黄莲花　黄花珍珠菜
科属：报春花科珍珠菜属

多年生草本，高40～100cm。茎直立。叶对生或少有3～4叶轮生，披针形至圆状卵形，顶端锐减，基部渐狭，几无柄，两面有黑色腺点。圆锥花序顶生；花梗长；花萼深5裂；花冠黄色，深5裂，裂片矩圆形。蒴果球形。花期7～8月；果期9月。

生于林缘、灌丛及草甸。

可作花卉材料；全草入药。

黄连花

黄连花

翠南报春

Primula sieboldii E. Morren

别名：樱草　翠蓝草　野白菜
科属：报春花科报春花属

多年生草本。叶3～8枚，基生；叶柄长约12cm，叶片卵状长圆形；边缘具不整齐钝齿，叶两面沿脉及边缘被毡毛。花莛高于基生叶；伞形花序生于顶端，5～15朵花；花冠紫红色至淡红色，少有白色；呈高脚碟状，裂片5，倒心形，顶端2裂。蒴果圆筒形。花期5月；果期6月。

生于林缘、草甸；喜湿润且阳光充足环境。

早春花卉，花、叶俱美；全草入药。

翠南报春

翠南报春

翠南报春

水曲柳

水曲柳

Fraxinus mandshurica Rupr.

科属：木犀科白蜡树属

国家重点保护野生植物。落叶大乔木，高可达35m；树冠卵形。树皮老时呈纵向浅裂。枝叶对生。奇数羽状复叶对生，小叶7～13，卵状披针形至披针形，边缘具内弯的锐锯齿。圆锥花序着生于去年生枝的叶腋。翅果长圆状披针形。花期5～6月；果期9～10月。

生于山麓或河岸。

优良绿化观赏树种；珍贵木材；树皮及花入药。

暴马丁香

Syringa reticulata var. *mandshurica* (Maxim.) Hara

别名：暴马子　荷花丁香　白丁香
科属：木犀科丁香属

灌木或小乔木，高5～10m。树皮暗灰褐色，有横纹。单叶互生，叶片卵形或广卵形，全缘，上面淡绿色，有光泽；下面灰绿色，叶脉明显。圆锥花序，大而稀疏，常侧生；花白色，花萼4浅裂；花冠4裂，花冠筒较萼稍长，有清香味。蒴果长圆形。种子周围有翅。花期6月；果熟9月。

生于山地河岸、林缘及针、阔叶混交林内。

优美的观赏树种；优质木材；花为蜜源；枝干入药。

暴马丁香

暴马丁香

辽东丁香

Syringa wolfi Schneid.

科属：木犀科丁香属

灌木，高可达5m。树皮暗灰色，有浅纵沟。叶对生；叶片椭圆形、长圆形或卵状长圆形，稀为倒卵状长圆形，基部楔形、广楔形至近圆形，先端突尖或短渐尖，全缘，表面绿色，无毛，背面灰绿色，沿脉疏生短硬毛。圆锥花序顶生，长可达25cm，宽达15cm；花萼杯状，5裂；花冠紫青色，有芳香，漏斗形，4裂；雄蕊2，着生在花冠的中上部，花丝极短。蒴果，长圆形至狭长圆形。花期6月，果熟期9月。

生于山坡灌丛。

优良观赏灌木。

辽东丁香

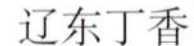
辽东丁香

东北龙胆

东北龙胆

Gentiana manshurica Kitag.

别名：条叶龙胆　土龙胆　关龙胆
科属：龙胆科龙胆属

多年生草本，高40～70cm。茎直立，不分枝。叶对生，茎下部叶小，中上部叶较大，线形或线状披针形，基部抱茎。花1～3朵顶生，稀更多；花5数，蓝紫色，花冠钟状。蒴果。种子两端具翅。花期8月；果期9～10月。

生于林缘、林间或灌丛；喜湿润地。

可作观赏花卉；根入药。

东北龙胆

东北龙胆

龙　胆

Gentiana scabra Bge.

别名：粗糙龙胆　龙胆草
科属：龙胆科龙胆属

多年生草本，高30～60cm。茎直立，易匍匐，不分枝。茎生叶对生，叶片披针形或矩圆状披针形。花簇生茎端或叶腋，萼钟状；花冠筒状钟形，蓝紫色，裂片5，卵形或椭圆形，顶端尖，褶三角形。蒴果细长有柄。种子长圆形，边缘有翅。花期9～10月；果期10月。

生于林间、林缘或灌丛；喜湿润地。

可作观赏花卉；根入药。

笔龙胆

Gentiana zollingeri Fawc.

别名：绍氏龙胆
科属：龙胆科龙胆属

二年生草本，高5～10cm。茎直立，无毛。叶对生，茎下部一对较小，卵圆形至卵形，无柄，基部短鞘状。1～5花生茎顶；花萼裂片先端芒刺状；花冠蓝紫色或淡蓝色。蒴果具长柄。种子小。花期4～5月。

生于林缘、疏林下、灌丛、路旁。

早春绿化花卉材料；可作花境配置。

龙胆

龙胆

笔龙胆

笔龙胆

睡菜

睡　菜

Menyanthes trifolia L.

别名：醉菜　绵菜　瞑菜　过江龙
科属：龙胆科（睡菜科）睡菜属

多年生草本，高20～40cm。叶基生，3出复叶；有长柄，基部鞘状抱合；小叶出水面，卵状椭圆形，边缘微波状。总状花序；花5数，白色。蒴果2裂。种子广椭圆形。花期6～7月；果期7～8月。

生于沼泽地、草甸子或池沼旁水湿地。

可作园林中湿地绿化美化材料；全草入药。

荇菜

荇　菜

Nymphoides peltatum (Gmel.) O. Kuntze

别名：水荷叶　莕菜　金莲子
　　　莲叶荇菜
科属：龙胆科（睡菜科）荇菜属

一年生浮水草本植物。茎细长。叶互生，近革质，心形或椭圆形，顶端圆形，基部深裂至叶柄处，边缘有小三角齿或呈微波状；叶上面光滑，下面带紫色。伞形花序腋生，花冠黄色，边缘流苏状，雄蕊5枚，合生雌蕊，柱头2裂。蒴果长卵形。种子小，圆形。花期6～8月；果期8～9月。

生于沼泽、池塘、湖泊、稻田。

可作池塘静水面绿化美化材料，也可栽培用于水景观赏；全草入药。

白　薇

Cynanchum atratum Bunge

别名：三百根　牛角胆草　苦胆草
　　羊奶子　羊角细辛

科属：萝藦科牛皮消属

直立多年生草本，高40～70cm。茎直立，不分枝，密被灰白色柔毛，具白色乳汁。叶对生，卵状椭圆形至广卵形，先端短渐尖，基部圆形，全缘。上面绿色，下面浅绿色，均被柔毛；具短柄。伞形花序腋生，小花梗短，下垂，密被柔毛；花黑紫色，径约1.5cm；花萼5深裂，裂片披针形，外侧密被细柔毛；花冠5深裂，裂片卵状长圆形，先端钝，外侧疏生黄褐色柔毛。蓇葖果角状，纺锤形。种子卵圆形。花期5～7月；果期8～9月。

生于山坡、林缘或灌木丛中。

黑紫色花，五角星状，色、形均独特，可作花境点缀；根入药。

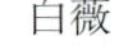
白薇

白薇

萝　藦

Metaplexis japonica (Thunb.) Makino

别名：白环藤　奶浆藤　天浆壳
　　老鸹瓢

科属：萝藦科萝藦属

多年生蔓性草本，长2m以上。全体被柔毛，有白色乳汁。叶对生，卵状心形。总状花序腋生；花多数，密生于顶端，各花具小梗，基部有一披针形小苞片；萼绿色，5深裂；花冠近白色，内带淡紫色，5裂，裂片披针形反卷，内密生柔毛。蓇葖果角状。种子扁卵形，边缘翅状，上生绢丝状白毛。7～8月开花；果期9～10月。

生于山坡、林缘、路旁。

可作花卉材料；全草及根入药。

萝藦

萝藦

日本菟丝子

日本菟丝子

篱打碗花

Calystegia sepium (L.) R.Br.

别名：篱天剑　打碗花
科属：旋花科打碗花属

多年生草本。茎缠绕或匍匐，有棱角，多分枝。单叶互生，叶片三角状卵形，先端急尖，基部剑形或戟形。花单生叶腋，梗长6～8cm；苞片广卵形，端稍钝，基部近心形；萼片卵圆状披针形，先端尖；花冠漏斗状，淡红色，具不明显5裂片。蒴果球形。种子卵圆状三角形。花期6～8月；果期8～9月。

生于山坡及路旁土坎上。

可作绿化花卉材料；根、茎、叶、花均入药。

日本菟丝子

Cuscuta japonica Choisy

别名：豆寄生　无根草　金黄丝
科属：旋花科菟丝子属

一年生寄生草本。茎粗壮，黄色带紫红色瘤状斑点，多分枝，无叶。穗状花序；苞片鳞片状，卵圆形，顶端尖；花萼碗状；花冠钟状，绿白色，顶端5浅裂，裂片卵状三角形；雄蕊5，花丝无几；鳞片5，矩圆形，边缘流苏状。蒴果卵圆形。花期7～8月。

生于灌丛、草丛、路旁，多寄生在豆科及菊科植物上。

种子入药。可以有控制地作垂直绿化应用。

花　荵

Polemonium laxiflorum (Regel) Kitamura

别名：小花荵　鱼翅菜　穴菜　手参
科属：花荵科花荵属

多年生草本，高40～100cm。茎直立，不分枝。叶互生，奇数羽状复叶，小叶11～25，矩圆状披针形，全缘。聚伞状圆锥花序顶生或上部腋生，有花10～30朵；花萼钟状，裂片卵形；花冠辐状或宽钟状，蓝色；雄蕊5，金黄色，开花时伸出花外。蒴果宽卵形。种子深棕色。花期6月初至7月。

生于山坡、草地、林下。

蓝花与金黄色花蕊相衬，鲜艳清雅，可作花坛、花境配置材料；根及根状茎入药。

花荵

花荵

篱打碗花

篱打碗花

山茄子

Brachybotrys paridiformis Maxim.

科属：紫草科山茄子属

多年生草本，高30～50cm。茎直立。茎下部叶鳞片状，披针形，褐色。茎中部叶匙形，柄细长；茎上部叶近轮生，5或6枚，倒卵状长圆形。伞形花序顶生，有花3～6朵，花梗细长，无苞片；花5数；花萼5深裂，裂片钻状披针形；花冠紫色，花梗下垂；雄蕊5；花柱细长，伸出花冠。小坚果4。花果期6～8月。

生于林缘及林下。

可作绿化花卉材料；嫩茎为山野菜。

山茄子

森林附地菜

Trigonotis nakaii Hara

科属：紫草科附地菜属

多年生草本，高20～45cm。茎2至数条丛生。基生叶和茎下部叶有长柄；叶片狭卵形或椭圆状长卵形；上部叶较小，柄短。花序较长，有苞片。花梗细长；花冠浅蓝色，径约8mm，5裂，喉部有5附属物；雄蕊5，内藏；子房4裂。花果期6～7月。

生于林下或灌丛中。

可作园林绿化材料；全草入药。

森林附地菜

山茄子

森林附地菜

藿　香

Agastache rugosa (Fisch. et Mey.) O.Kuntze

别名：土藿香　野苏子

科属：唇形科藿香属

多年生草本，高50～150cm。方茎，直立。叶对生，叶片心状卵形至长圆状卵形，先端尾状渐尖，边缘具钝齿，有柄。轮伞花序多花，在主枝和侧枝顶生穗状花序；花萼管状，浅紫红色；花冠唇形，淡蓝紫色，下唇3裂；雄蕊伸出花冠筒外。小坚果倒卵状长圆形。花果期7～10月。

生于山坡、林缘、路旁、沟边。

可作绿化花卉材料；叶为调味品；全草入药。

藿香

藿香

多花筋骨草

Ajuga multiflora Bge.

科属：唇形科筋骨草属

多年生草本，高10～30cm。茎直立，具四棱，全株密生灰白色长毛。叶对生，有毛，具短柄；下部叶卵形，上部叶长卵形。花序密轮状，生于叶腋间；花筒红紫色，半圆形。花期5月下旬至6月。

生于山坡草地。

可作花坛、花境及切花材料。

多花筋骨草

风轮菜

Clinopodium chinense (Benth.) O.Ktze.

别名：蜂窝草　落地梅花　熊胆草　野凉粉藤　苦刀草　山薄荷

科属：唇形科风轮菜属

多年生草本，高25～80cm。茎四棱，多分枝。叶对生，卵形，边缘有锯齿。多朵紫红色小花密集成轮伞花序，聚生于茎枝上部；苞叶叶状，苞片针状；花萼筒状，紫红色，二唇形，下唇稍长，裂齿边缘有羽状缘毛；花冠上唇半圆形，直伸，顶端微缺，下唇有3裂片；雄蕊2；花柱伸出花冠之外。小坚果4。花果期7～9月。

生于山坡、路旁、田边、沟沿。

可作花卉；全草入药。

风轮菜

香薷

香　薷

Elsholtzia ciliata (Thunb.) Hyland

别名：野苏子　水芳花

科属：唇形科香薷属

一年生草本，高30～60cm。茎直立，常呈棕红色，二歧分枝或单一，茎四棱，被柔毛。叶对生，卵形或卵圆状披针形；叶柄长，叶、柄均被毛。轮伞花序密集成穗状，顶生或腋生，花明显偏向一侧；花萼5裂；花冠唇形，淡紫红色，上唇2裂，下唇3裂，中裂片矩形，两侧裂片略呈三角形；雄蕊4，花药黄色。小坚果4。花期8～9月；果期9～10月。

生于山坡、河岸、田边、路旁。

地上部分入药。可作城市绿化地被植物，亦可布置花坛、花境。

风轮菜

活血丹

活血丹

Glechoma longituba (Nakai) Kupr.

别名：连钱草　金钱草　铜钱草　长筒活血丹

科属：唇形科活血丹属

多年生匍匐草本，高（长）5～40cm。茎单一，细长，具四棱。叶对生，肾状心形，先端钝或稍尖，边缘具圆齿，被细毛；叶柄较长。2至数朵花叶生；萼筒状，具5齿；花冠淡紫色，筒状漏斗形，先端二唇形，下唇3裂；雄蕊4，花丝顶端2歧。小坚果长圆形。花期5月；果期6月。

生于草丛、林缘及沟边；喜阴湿处。

早春绿化材料；全草入药。

活血丹

野芝麻

Lamium barbatum Sieb. et Zucc

别名：野油麻　山麦胡　地蚕

科属：唇形科野芝麻属

多年生草本，高可达1m。茎四棱形，被毛。叶对生，卵形至卵状披针形，边缘有锯齿，两面均被短硬毛。轮伞花序4～14朵花生于茎上部叶腋；花冠白色或淡黄色，上唇盔状，下唇有3裂片。小坚果长圆形。花期5月；果期6～8月。

生于林缘、林下、路旁、沟边。

早春花卉；全草入药。

野芝麻

野芝麻

益母草

Leonurus artemisia Sweet

别名：坤草　益母蒿

科属：唇形科益母草属

一或二年生草本，高50～100cm余。茎直立，四棱，单一或分枝。叶对生；中部叶有柄，叶片3全裂，又羽状分裂，裂片宽条形，上部叶分裂渐少至不分裂，全缘或疏齿，两面被柔毛。轮伞花序腋生，每轮花多数，淡紫色或紫红色，花萼管状，钟形；花冠唇形，上唇长，圆形，全缘；下唇3裂；小坚果长圆形，有3棱，截头，褐色。花期6～8月；果期7～9月。

生于山坡、田边、路旁。

可作园林绿化花卉材料；全草入药。

地　笋

Lycopus lucidus Turcz.

别名：地瓜苗　方梗泽兰　甘露子

科属：唇形科地笋属

多年生草本，高40～100cm。茎单一，少分枝，四棱，中空。叶交互对生，近无柄。叶片披针形，先端渐尖，边缘有粗锯齿。轮生花序，腋生，花小；花萼5深裂；花冠二唇形，白色。4小坚果扁平。花期7～9月；果期9～10月。

生于山野低洼地、溪流沿岸、草丛或林缘。

全草入药。可作城市绿化地被植物，及花境背景植物材料。

益母草

地笋

益母草

地笋

兴安薄荷　　兴安薄荷

兴安薄荷

Mentha dahurica Fisch.ex Benth

别名：蕃荷花　夜息花

科属：唇形科薄荷属

多年生草本，高30～100cm。茎倾斜向上直立，四棱形。叶对生，长圆形或长圆披针形，先端锐尖，基部楔形，边缘有锯齿。轮伞花序，腋生，花小；花萼钟状，先端5裂；花冠二唇形，淡红紫色，上唇2浅裂，下唇3裂；雄蕊4，与花柱均伸出花冠。小坚果长圆形。花期7～8月；果期8～10月。

生于山野湿地及水边、沟边、河岸；喜阴湿。

可作绿化材料；全草入药。

尾叶香茶菜

尾叶香茶菜

Plectranthus excisus Maxim.

别名：龟叶草

科属：唇形科香茶菜属

多年生草本，高1m以上。茎直立，四棱。叶对生，宽卵形，顶部深凹，凹缺中有一尾状长尖，边缘粗锯齿。聚伞花序组成顶生或腋生狭圆锥状花序；花萼钟形；花冠蓝色或紫红色；雄蕊4，内藏。小坚果卵状三棱形。花期8月；果期9～10月。

生于山坡、林缘、灌丛。

可作绿化材料；全草入药。

尾叶香茶菜

蓝萼香茶菜

Plectranthus glaucocalyx Maxim. var. *japonicus* (Burm. f.) Maxim

别名：香茶菜

科属：唇形科香茶菜属

多年生草本，高可达1.5m。叶对生，卵形或宽卵形。聚伞花序，具梗，3～11花组成疏松顶生圆锥花序；花萼筒状钟形；花冠白色，长5.5cm，花冠筒近基部上面浅囊状，上唇4等裂，下唇舟形；雄蕊及花柱伸出花冠外。小坚果宽倒卵形。花果期8～9月。

生于山坡、灌丛间。

可作绿化材料；全草入药。

多裂叶荆芥

Schizonepeta multifida (L.) Briq.

科属：唇形科裂叶荆芥属

多年生草本。高25～60cm。根状茎木质化，从其上发出多数萌枝。茎直立，被白色多节长柔毛，侧枝甚短，不发育，似数枚叶片丛生，有时上部侧枝发育，并有花序。叶有柄，长2cm，叶片羽状深裂或浅裂，长2.8～6cm，宽1.5～3.8cm，裂片表面被多节长柔毛或短柔毛，背面及边缘皆具多节长柔毛，有树脂状腺点。多数轮伞花序组成顶生穗状花序，长3～15cm；苞片叶状，绿色或变紫色，具树脂状腺点，被白色多节长柔毛；小苞片卵状披针形或披针形，带紫色，被柔毛，花萼带紫色，花冠蓝紫色，干后变黄色，长6～8mm，外被柔毛，冠筒向喉部渐宽，冠檐二唇形，上唇2裂，下唇3裂，中裂片大，雄蕊4，前雄蕊较上唇短，后雄蕊稍超出上唇，花药紫蓝色。小坚果扁长圆形，腹部略具棱，黄褐色。花期7～9月，果期9～10月。

生于松林林缘、山坡草丛中或湿润的草原上，海拔1300～2000m。

可作城市绿化地被植物，亦可布置花坛、花境。

蓝萼香茶菜

多裂叶荆芥

多裂叶荆芥

蓝萼香茶菜

黄芩

黄芩

黄　芩

Scutellaria baicalensis Georgi

别名：元芩　山茶根　香水水草　冬芩

科属：唇形科黄芩属

多年生草本，高20～50cm。丛生，茎钝四棱形。叶对生，披针形，全缘。总状花序顶生，蓝紫色花偏向一侧；花冠上唇盔瓣状，下唇顶端微凹并明显短于上唇；雄蕊4。小坚果椭圆形。花期6～8月；果期8～9月。

生于向阳山坡、沙质草地、草原。

可作绿化材料；根入药。

乌苏里黄芩

Scutellaria pekinensis Maxim.var. *ussurensis* (Regel) Hand. Mazz.

科属：唇形科黄芩属

多年生草本，高10～30cm。茎直立，多分枝，四棱形。叶对生，多为三角状广卵形，叶缘具不规则疏锯齿。花小，对生，于茎顶或分枝端排成总状花序；花冠蓝紫色或近蓝色，外被短腺毛，上唇盔瓣状；先端微凹。小坚果卵形。花期6～8月。

生于林缘、林间、林下、荫湿草地、溪边及草地等处，亦见于山坡。

可作绿化材料。

乌苏里黄芩

乌苏里黄芩

乌苏里黄芩

毛水苏

Stachys baicalensis Fisch. ex Benth.

别名：水苏草

科属：唇形科水苏属

多年生草本，高50～100cm。茎直立，单一或分枝，沿棱具刚毛。叶对生，矩圆状条形，近无柄。轮伞花序穗状；花萼钟状；花冠淡紫红色，花冠筒内具毛环，檐部二唇形，上唇直立，下唇3裂，中裂片近圆形。雄蕊内藏。小坚果卵球形。花期7～8月；果期8～9月。

生于丘陵、地边或河谷草甸、河岸湿草地。

可作绿化材料；根及全草入药。

毛水苏

毛水苏

白花华水苏

Stachys chinensis Bge. ex Benth.

别名：水苏　华水苏

科属：唇形科水苏属

多年生草本，高50～100cm。茎直立，四棱，具刚毛。叶对生，线状披针形或线形，边缘有锯齿，近无柄。轮伞花序，每轮6花，顶端排列成假穗状花序；花萼钟状；花冠白色。小坚果卵圆形。花期7～8月；果期8～9月。

生于河岸、草甸、湿草地。

可作绿化材料；根及全草入药。

白花华水苏

白花华水苏

酸浆

曼陀罗

Datura stramonium L.

别名：洋金花　洋大麻子　风茄儿　醉心花　狗核桃

科属：茄科曼陀罗属

一年生草本，高1～1.5m。茎直立粗壮，近木质化，上部叉状分枝。单叶互生，广卵形或广椭圆形，边缘具不规则浅齿或不规则牙齿。花单生于叶腋或枝杈间；5数花；萼筒具5棱角；花冠漏斗状，长达10cm；花下部绿色，上部白色或淡紫色。蒴果直立，密生坚硬针刺，4瓣裂。花期7～8月；果期8～9月。

生于林缘、路边、宅旁。

株高花大，宜作背景材料；全草、种子与果入药。有毒。

酸浆

酸　浆

Physalis alkekengi L.

别名：挂金灯　红姑娘　锦灯笼

科属：茄科酸浆属

多年生草本，高40～80cm。茎直立，节稍膨大。叶在下部互生，在上部假轮生，宽卵形，近全缘。花单生叶腋，花萼钟状；花冠幅状，白色。浆果球形，熟时橙红色，有膨大宿存的萼片包围。花期6～7月；果期8～10月。

生于林缘、山坡草地、田埂、地边及宅旁。

可作绿化材料；果可食；全草入药。

灯笼草

Physalis angulata L.

别名：红姑娘　灯笼果　挂金灯　红灯笼　锦灯笼　酸浆

科属：茄科酸浆属

一年生草本，高25～60cm。茎斜卧或直立，多分枝，有毛或近无毛。叶互生，卵圆形或长圆形，长4～8cm，宽3～5cm，先端短尖，基部斜圆形，全缘或具不规则的浅锯齿；叶柄长可达4cm。花单生于叶腋；花梗长约5mm；萼钟状，长约5mm，上端5裂，裂片披针形或近三角形，端尖；花冠钟状，淡黄色，直径5～7mm；雄蕊5，花药矩圆形，纵裂；子房2室，花柱线形，柱头具不明显的两裂片。浆果球形，黄绿色；宿萼在结果时增大，膨大如灯笼，绿色。花期7～9月。果期8～10月。

生于路边及荒废地等。

浆果多汁而味甜，可生食。可作城市绿化地被植物。

灯笼草

灯笼草

曼陀罗

曼陀罗

龙　葵

Solanum nigrum L.

别名：星星　星天天　野海椒
科属：茄科茄属

一年生草本，高50～100cm。茎直立，多分枝。叶互生，卵形，边缘有不规则波状锯齿，有柄。花序短蝎尾状，腋外生，有4～10朵花，有花梗；花萼杯状；花冠白色，五角星形辐状，裂片近三角形；雄蕊5。浆果球形，熟时黑色。种子近卵形压扁状。花期7～8月；果期8～10月。

生于村边、路旁、林缘。

可作绿化材料；茎和果实入药。

龙葵

柳穿鱼

Linaria vulgaris Mill.

别名：中国柳穿鱼
科属：玄参科柳穿鱼属

多年生草本，高20～70cm。茎直立，单一或分枝。叶多互生，无柄或近无柄；叶片线状披针形或线形，先端尖，全缘，无毛。总状花序顶生，花较密，花冠黄色，5数，二唇形，上唇长于下唇，中裂片舌状，距稍弯曲，2强雄蕊。蒴果椭圆状球形。花期6～9月；果期8～10月。

生于田边、路旁、沙质土草原、河岸。

可作绿化材料；全草入药。

龙葵

柳穿鱼

柳穿鱼

山罗花

山罗花

Melampyrum roseum Maxim.

科属：玄参科山罗花属

一年生草本，高（长）20～40cm。茎细，易匍匐。叶对生，卵状披针形或更狭，先端渐尖，全缘；柄短。总状花序；苞片形状大小与叶同；上部的苞片变小，苞片基部有尖齿或全部边缘有芒状齿；花冠玫瑰红色，上部二唇形，上唇呈风帽状，下唇3齿裂。蒴果。花期7～8月。

生于林缘、疏林下、草甸中；喜湿润、半阴环境。

花色鲜艳，可作观赏花卉；全草及根入药。

山罗花

返顾马先蒿

Pedicularis resupinata L.

别名：马先蒿　阿兰　虎麻

科属：玄参科马先蒿属

多年生草本，高30～70cm。茎上部多分枝，四棱，中空。叶互生，有时茎中、下部叶对生；卵形至长椭圆状披针形，边缘有钝圆齿，常反卷。总状花序；花冠淡紫红色，下唇及盔部呈回顾状，盔上部作两次稍具膝状弓曲，顶端成圆锥状短喙，下唇稍长于盔。花丝仅1对，有毛。花期6～8月；果期7～9月。

生于林缘、沟谷草甸；喜较湿润处。

可作观赏花卉；根、茎、叶入药。

返顾马先蒿

返顾马先蒿

松　蒿

Phtheirospermum japonicum（Fhunb.） Kanitz

别名：小盐灶菜

科属：玄参科松蒿属

一年生草本，高15～60cm。茎直立，分枝，具腺毛。叶对生，有短柄；叶片三角状卵形，羽状深裂，基部1～2对裂片常全裂，边缘细锯齿。穗状花序顶生，花疏少或单朵生于叶腋；花萼钟状；花冠淡紫红色，上唇直，稍盔状，浅2裂，下唇有两条横的大皱褶，上有白柔毛。雄蕊4。蒴果歪斜窄卵形。花期7～8月；果期9月。

生于山坡、路旁、林缘。

可作观赏花卉；全草入药。

松蒿　　松蒿

大婆婆纳

Veronica dahurica Stev.

科属：玄参科婆婆纳属

多年生草本，高30～70cm。茎直立，单生或2～3条丛生。叶对生，三角状卵形或三角状披针形，边缘钝锯齿；下部叶常羽状裂，叶缘有齿。总状花序顶生，单生或复生；4数花，白色，雄蕊伸出花冠。蒴果卵形。种子卵圆形。花果期7～9月。

生于山坡、沟谷、岩隙、路边。

可作观赏花卉。

大婆婆纳

大婆婆纳

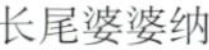
长尾婆婆纳

细叶婆婆纳

细叶婆婆纳

Veronica linariifolia Pall. ex Link.

别名：追风草

科属：玄参科婆婆纳属

多年生草本，高50～90cm。茎直立，端部分枝。叶互生或下部叶对生，条形至条状长椭圆形，边缘疏锯齿。总状花序顶生；花萼4裂；花冠4裂，蓝紫色；雄蕊2，突出。蒴果扁圆。花期6～9月。

生于草甸、草地、灌丛及疏林下；喜较湿润土壤。

可作水域护岸的观赏植物；全草入药。

长尾婆婆纳

Veronica longifolia L.

别名：兔儿尾苗

科属：玄参科婆婆纳属

多年生草本。茎直立，通常不分枝，高30～70cm。叶互生或对生，叶长圆状披针形、狭披针形或披针形，先端长尾状渐尖，长7～15cm，边缘的牙齿粗大，不整齐，常成为弯钩状，渐尖形。总状花序顶生，呈长穗状，通常单生或少复生；小花数朵密集，花淡蓝紫色。蒴果椭圆形。花期6～8月，果期8～9月。

生于山坡、草甸、草地及林地。

其花蓝色素雅，密集成穗状花序。丛生成片时，群株竞相开放，气派非凡，为观花、观叶植物。

轮叶婆婆纳

轮叶婆婆纳

Veronica spuria L.

科属：玄参科婆婆纳属

多年生草本，高50～180cm。茎直立，不分枝，圆柱形。叶4～9枚轮生，近无柄，矩圆形至宽条形，边缘具尖锯齿。穗状花序顶生，呈圆锥状；少有在最上部以及次上部叶腋中轮生小枝而花序复出的。花萼5深裂；花冠筒状，红紫色，4裂。蒴果卵形。花期7月；果期8～9月。

生于林缘、草甸及灌丛中。

可栽培作花卉；全草入药。

紫花列当

Orobanche caerulescens Steph

科属：列当科列当属

一年生寄生草本，高15～40cm。全株生白色柔毛。叶互生，鳞片状，披针形。小花密集成穗状花序，约占茎的1/3～1/2；苞片2；萼5深裂；花蓝紫色，长1.5～2cm，下部为筒形，上部稍弯曲，距二唇，上唇宽，顶端常凹成2裂，下唇3裂，裂片卵圆形；雄蕊4，2强；雌蕊1，柱头膨大，黄色。蒴果2裂，卵状椭圆形。花果期5～7月。

生于沙质草地，寄生于菊科艾属植物根上。

全草入药。可作城市绿化地被植物。

紫花列当

狸　藻

Utricularia vulgaris Linn.

科属：狸藻科狸藻属

多年生水草，全株细弱。茎细，长50～70cm，分歧。叶互生，长1.5～4cm，二至三回羽状分裂，裂片丝状，具白色毛刺状齿，有歪卵形的捕虫小囊体，长2～3mm，生于小羽片下部，有短柄，浓绿色后变黑褐色。花莛由茎的分歧处生出，长14～35cm，疏总状花序，具6～14花；花萼2裂，绿色；花冠黄色，唇形，上唇广卵形，下唇较大，圆状方形，先端3浅裂，里面中部有囊状突起，而外侧基部有稍向前弯曲的长距，距长8～10mm。蒴果球形，径4～5mm，外被宿存萼，花后果实下垂。种子多数，短六角柱状。花期6～9月；果期7～9月。

生于水泡子中、河边水中或沼泽地。

可作水面美化植物材料。

狸藻

狸藻

透骨草

透骨草

Phryma leptostachya L. var. *asiatica* Hara

别名：接生草　毒蛆草　老婆子针线

科属：透骨草科透骨草属

多年生草本，高60cm。茎直立，单一，不分枝，方茎。叶对生，卵形至卵状披针形，边缘有钝齿。总状花序穗状，顶生和腋生；花小，花梗极短；花萼筒状，裂片5，唇形，上唇3裂刺芒状，下唇2浅裂；花冠淡紫色或白色；2强雄蕊。瘦果下垂，棒状。花果期7～9月。

生于山坡、林缘、阔叶混交林下。

全草入药。可作绿化材料。

透骨草

车　前

Plantago asiatica L.

别名：当道　牛遗　牛舌草　车轮菜　地衣　蛤蟆衣

科属：车前科车前属

多年生草本，高20～60cm，全体光滑或稍有短毛。根茎短而肥厚，着生多数须根。根出叶外展，长4～12cm，宽4～9cm，全缘或有波状浅齿，基部狭窄成叶柄，叶柄和叶片几等长，基部膨大。花茎较叶片短或超出，有浅槽；穗状花序排列不紧密，长20～30cm，花绿白色。苞片宽三角形，比萼片短，二者都有绿色的龙骨状突起；花冠裂片披针形。蒴果椭圆形，近中部开裂，基部有不脱落的花萼，果内有种子6～8粒，细小，黑色，腹面平坦。花果期4～8月。

圃地、荒地或路旁常见。

嫩叶可食，有些地区用作饲料；全草与种子都可入药，能利尿、清热、止咳。可作城市绿化地被植物。

车前

平车前

Plantago depressa Willd.

别名：车轮菜　车轱辘菜　车串串

科属：车前科车前属

一年生草本，高5～20cm；有圆柱状直根。基生叶直立或平铺，椭圆形、椭圆状披针形或卵状披针形，长4～10cm，宽1～3cm，边缘有远离小齿或不整齐锯齿，有柔毛或无毛，纵脉5～7条；叶柄长1.5～3cm，基部有宽叶鞘及叶鞘残余。花莛少数，弧曲，长4～17cm，疏生柔毛；穗状花序长4～10cm，顶端花密生，下部花较疏；苞片三角状卵形，长2mm，和萼裂片均有绿色突起；萼裂片椭圆形，长约2mm；花冠裂片椭圆形或卵形，顶端有浅齿；雄蕊稍超出花冠。蒴果圆锥状，周裂；种子5，矩圆形，黑棕色。

生山坡、路旁、田埂及河边。

种子入药，有利水清热、止泻、明目之效。可作城市绿化地被植物。

平车前

猪殃殃

Galium aparine L. var. *tenerum* (Gren. et Godr.) Rcbb

别名：锯锯藤　细叶茜草　活血草

科属：茜草科猪殃殃属

一年生蔓状草本。茎纤弱，四棱，有倒生小刺，多分枝。6～8片叶轮生，无柄。叶片窄倒卵状椭圆形，边缘及下面中脉有倒生小刺。聚伞花序腋生，花小，白色或稍黄；萼齿不显；花冠4裂。6～7月开花。

生于荒地、路旁、林缘。

花、叶奇特秀美，可作花境配置；全草入药。

猪殃殃

猪殃殃

蓬子菜

蓬子菜

Galium verum L.

别名：土黄连 土茜草 铁尺草
科属：茜草科猪殃殃属

多年生草本，高40～120cm。茎直立或斜生，近四棱。6～10片叶轮生，无柄；叶线形。聚伞花序顶生和腋生，多花密集成圆锥状；花小，4基数；花冠鲜黄色。果近球形。花期6～7月；果期7～8月。

生于山坡、路旁或草甸子。

可作花卉材料；全草入药。

黑果茜草

蓝靛果忍冬

黑果茜草

Rubia cordifolia L. var. *pratensis* Maxim.

科属：茜草科茜草属

多年生草本，稀一年生，被粗毛或有小刺；茎四棱柱形；叶假轮生；托叶叶状；花小，5数，组成腋生或顶生的聚伞花序；萼管卵形或球形，萼檐不明显或无；花冠轮状或钟状，4～5裂，裂片啮合状排列；雄蕊与花冠裂片同数，着生于冠管上，花丝短，花药球形或近圆形；花盘极小或肿胀；果肉质，平滑或有钩毛；种子与果皮粘贴，种皮膜质，有角质的胚乳。本变种的特征是浆果黑色。

生于灌丛、草丛、林缘或沙地。

可作花卉材料。

蓝靛果忍冬

蓝靛果忍冬

Lonicera caerulea var. *edulis* Turcz.

别名：蓝靛果
科属：忍冬科忍冬属

落叶灌木。高0.5～2m。幼枝被毛，老枝红棕色。叶卵状椭圆形，对生。花生于叶腋的短柄上，苞片条形，合生成坛状壳斗，包住子房。花冠黄色、白色，筒状漏斗形，裂片5；雄蕊5，伸出花冠外；花柱无毛，伸出花冠外。浆果蓝黑色，椭圆形，带白粉。花期5月，果期7～8月。

生于林间沼泽地、湿草地、疏林下及山间河岸、灌丛中。

可作庭院观赏树种。

黄花忍冬

Lonicera chrysantha Turcz.

别名：金花忍冬　王八骨头

科属：忍冬科忍冬属

灌木，高1.5～4m或更高。单叶对生，叶卵状披针形，基部楔形，先端长渐尖，表面暗绿色，背面淡绿色，全缘。花生叶梗，有2花，乳白色后变黄色；花冠二唇裂，上唇瓣上部一半分裂；雄蕊与裂片等长或稍短，花柱较花冠裂片短。浆果近球形，成熟时红色。花期6～7月；果期7～8月。

生于林缘或沟谷林内。

叶、花、果俱美，可作庭院绿化；种子、花蕾、嫩枝入药。

黄花忍冬

黄花忍冬

金银忍冬

金银忍冬

Lonicera maackii (Rupr.) Maxim.

别名：马氏忍冬　金银木　鸡骨头　王八骨头

科属：忍冬科忍冬属

灌木，高2～6m。单叶对生，卵状椭圆形至卵状披针形，先端渐尖，基部阔楔形；全缘。花腋生；萼筒钟状，中部以上齿裂；花冠唇形，白色，芳香；雄蕊5，与花柱均短于花冠。浆果球形，成熟时红色。花期5～6月；果期7～9月。

生于山坡林下、林缘或灌丛、溪流附近。

庭院观赏树种；花、叶、茎入药。

金银忍冬

金银忍冬

东北接骨木

Sambucus mandshurica Kitag.

别名：马尿骚　老道公

科属：忍冬科接骨木属

灌木，高5～6m以上。奇数羽状复叶，对生；小叶5～7，长圆形，先端尾状渐尖，边缘有密细锯齿。圆锥花序顶生，密花，花序分枝较细；花萼筒状，裂片5；花瓣5，黄绿色；雄蕊5，花药黄色。核果球形，成熟时红色。花期5～6月；果期8～9月。

生于山坡林缘或疏阔叶林内。

观赏树种；根及根皮、叶、花朵均入药。

暖木条荚蒾

Viburnum burejaeticum Regel et Herder

别名：暖木条子

科属：忍冬科荚蒾属

灌木，高5m。树皮柔软；幼枝有星状毛。叶对生，卵形，先端尖或钝，基部近圆形，边缘有锯齿，上、下面均疏生柔毛。花为五出2次紧密的聚伞花序，密生星状毛；花5数，白色。核果椭圆形，蓝黑色。花期5～6月；果期7～9月。

生于林内、林缘、灌丛、路旁。

庭院观赏绿化树种；种子榨油供工业用。

暖木条荚蒾

暖木条荚蒾

东北接骨木

东北接骨木

鸡树条荚蒾

鸡树条荚蒾

鸡树条荚蒾

Viburnum sargentii Koehne

别名：天目琼花　鸡树条子

科属：忍冬科荚蒾属

灌木，高2～3m。树皮灰褐色；具浅条裂。叶对生，卵圆形，先端3中裂，基部圆形或截形，先端渐尖或突尖，有掌状三出脉，边缘有不整齐大锯齿。复伞形花序生于枝梢顶端，紧密多花；中央为可孕花，外围辐射不孕花，均白色、杯状、5裂；雄蕊5，花药紫色。核果球形，鲜红色。花期6～7月；果期8～9月。

生于山地阔叶林缘、山谷疏林下、灌丛中。

观赏绿化树种；种子油供工业用；根、嫩枝、叶、国均入药。

鸡树条荚蒾

五福花

Adoxa moschatellina L.

科属：五福花科五福花属

多年生草本，高10～15cm。茎单一，纤细，全株有香味。基生叶1～3枚，为一至二回三出复叶，裂片边缘有不规则疏圆齿；叶柄长为叶的3倍；茎生叶2枚，三出复叶，常3裂。头状聚伞花序顶生，花5～7朵，黄绿色；萼裂片2；花冠4裂；雄蕊8，花柱4；侧生花为5基数。核果球形。花果期5～7月。

生于林下、溪旁、草丛中。

可作早春彩化材料。

五福花

五福花

赤 瓟

Thladiantha dubia Bunge

别名：气包

科属：葫芦科赤瓟属

多年生蔓性草本。茎具长毛，少分枝；卷须单一。叶互生，广卵状心形，边缘微锯齿，有柄。花腋生，单一，雌雄异株；萼短钟形，裂片5，线状披针形，反折，花冠黄色，钟形，5深裂，花瓣狭卵形。瓟果长卵形，红色或绿色。花期7～8月；果期8～9月。

生于山坡、宅旁、路边土坎上。

可作花境背景之攀援植物；根、果入药。

赤瓟

赤瓟

黄花败酱

Patrinia scabiosaefolia Fisch. ex Trev.

别名：黄花龙牙　野黄花　野芹　败酱

科属：败酱科败酱属

多年生草本，高55～150cm。茎直立，被白色柔毛。叶对生，披针形或窄卵形，2～3对羽状深裂至全裂，边缘具锐锯齿，有长柄。聚伞圆锥花序集生枝端；花小，径2～4mm；花冠筒上端5裂，黄色；雄蕊4。瘦果长椭圆形。花期7～8月；果期9月。

生于山坡林下、林缘、灌丛和草甸。

可作观赏花卉；根茎及全草入药。

黄花败酱

黄花败酱

缬草

缬　草

Valeriana officinalis L.

科属：败酱科缬草属

多年生草本，高1～1.5m。茎有棱，中空。叶对生，羽状深裂，裂片狭窄，全缘或有齿。伞房状三出圆锥聚伞花序；花小，花冠粉红色或白色，5裂，雄蕊3，生于花冠管上。瘦果卵形，顶端有羽毛状冠毛。花期6～7月；果期8～9月。

生于林缘、河边、草甸；喜湿润处。

可作花卉材料；根入药。

缬草

狭叶沙参

Adenophora coronopifolia Fisch.

科属：桔梗科沙参属

多年生草本，高50～80cm。茎直立，有白色乳汁。叶互生，条形，无柄；全缘或有疏齿，两面有短疏毛。圆锥花序顶生，花下垂；花萼无毛，裂片5，狭三角形；花冠蓝紫色，钟状，5浅裂；雄蕊5，花柱伸出花冠。花期7～8月。

生于山坡、草丛或林缘、路旁。

可作花卉；根入药。

狭叶沙参

狭叶沙参

展枝沙参

Adenophora divaricata Franch. Et Savat.

科属：桔梗科沙参属

多年生草本，有白色乳汁。根胡萝卜形。茎高40～100cm，无毛或有疏柔毛。茎生叶3～4个轮生，无柄，叶片菱状卵形、狭卵形或狭矩圆形，长4～10cm，宽2～4.5cm，边缘有锐锯齿，近无毛或有稀疏短毛。圆锥花序塔形，无毛或近无毛，分枝与轴成钝角开展，花序中部以上的分枝互生；花下垂；花萼无毛，裂片5，披针形，长5～8mm；花冠蓝紫色，钟状，长1.4～2cm，5浅裂；雄蕊5；子房下位，花柱与花冠近等长。

生山地草坡或林边。长白沙参*A. pereskiifolia*极近本种，但花序狭塔形，分枝与轴成锐角开展，花盘短圆筒形，长和宽都约1mm。

可作花卉用于园林观赏。

展枝沙参

展枝沙参

轮叶沙参

Adenophora tetraphylla (Thunb.) Fisch.

别名：南沙参 桔参 铃儿草 四叶沙参
科属：桔梗科沙参属

多年生草本，高50～100cm。茎直立，单一。茎生叶4～5片轮生，倒卵形、披针形至线形，茎上部叶缘具锯齿，茎下部叶全缘，近无柄。圆锥花序，分枝轮生；花下垂，小苞片5浅裂；雄蕊5，花柱伸出花冠。花期7～8月；果期9月。

生于山地林缘、灌丛。

可作花卉；根入药。

轮叶沙参

轮叶沙参

轮叶沙参

聚花风铃草

聚花风铃草

Campanula glomerata L.

别名：灯笼花

科属：桔梗科风铃草属

多年生草本，高达1m。茎直立，单一。茎下部叶有柄，茎上部叶无柄、半抱茎；叶片长卵形或卵形。花多朵集生茎上部叶腋，在茎顶密集成大花序；花直立，不下垂，深紫蓝色；花萼5裂；花冠钟形。蒴果，种子细小。花期8～9月；果期9～10月。

生于林缘、林间草地、湿草甸。

可作草坪边缘及庭院路边树下点缀，也可在花坛种植；根入药。

紫斑风铃草

Campanula punctata Lam.

别名：独叶灵　灯笼花　吊钟花　山小菜

科属：桔梗科风铃草属

多年生草本，高25～80cm。茎直立，常不分枝。基生叶有长柄，叶片卵形；茎生叶有带翅的柄，卵形或卵状披针形，长达5cm，边缘有齿，两面有柔毛。花单朵顶生或腋生，下垂，有长柄；花萼裂片披针状狭三角形，裂片间有附属体；花冠黄白色，有紫斑点，钟状，长4cm，5浅裂；雄蕊5。蒴果。花期6～7月；果期7～9月。

生于林缘、灌丛或草丛中。

可作观赏花卉；根入药。

紫斑风铃草

聚花风铃草

紫斑风铃草

山梗菜

Lobelia sessilifolia Lamb.

别名：半边莲
科属：桔梗科半边莲属

多年生草本。高60cm。茎直立，不分枝。单叶互生，长圆状披针形。总状花序，顶生，苞片叶状；苞片5裂，钟形，宿存；花冠5裂，唇形，深蓝色；聚药雄蕊，花丝基部离生；子房下位，花柱丝状，柱头2裂。蒴果近球形。花期8～9月，果期9月。

生于沼泽地、草甸子、水沟边及湿草地。

可布置花境或作切花栽培。

山梗菜

桔　梗

Platycodon grandiflorum (Jacq.) A.DC

别名：铃当花　白药　土人参
科属：桔梗科桔梗属

多年生草本，有白色乳汁。茎上部稍分枝，微被白粉。茎中下部叶对生或轮生，上部叶互生，卵形或卵状披针形，长2.5～6cm，宽1～2.5cm，边缘具不整齐锐锯齿，下面微被白粉。花大，花萼钟状，5裂；花冠阔钟状，先端5裂，紫蓝色或蓝白色；雄蕊5，花丝基部变宽，有短柔毛。蒴果倒卵形，成熟后顶端5瓣裂，具宿萼。花期7～9月，果期8～10月。

生于山坡、草丛或沟旁。

可布置花坛、花境，亦可作盆花栽培，或作城市绿化地被植物。

山梗菜

桔梗

桔梗

桔梗

高山蓍

高山蓍

高山蓍

Achillea alpina L.

别名：一枝蒿　蜈蚣草　飞天蜈蚣
蚰蜒草　羽衣草　锯齿草

科属：菊科蓍属

多年生草本，高30～80cm。茎直立，仅上部多分枝。叶对生，无柄，茎下部叶早凋落；中部叶披针形，呈篦齿形羽状浅裂至深裂，叶轴渐宽，裂片条形至条状披针形，尖锐，边缘有不规则锯齿或浅裂，两面有毛。头状花序多数，密集成伞房状；总苞片草质，边缘膜质；边缘舌状花7～8朵，白色；管状花白色。瘦果有翅。花果期7～9月。

生于山坡草地、林缘、灌丛。

茎含芳香油，可作香料；全草入药。优美的屋顶绿化及布置岩石园的植物材料。

猫儿菊

Achyrophorus ciliatus (L.) Scop.

科属：菊科猫儿菊属

多年生草本，高30～50cm。茎含乳汁；不分枝。基生叶簇生，长椭圆形或匙状长圆形，长约20cm，基部渐狭成柄状，边缘有小尖齿，两面疏生硬毛；茎中部至上部叶较狭，长圆形或长卵形，基部耳状抱茎，边缘有尖齿。头状花序较大，径约4cm，单生茎顶；总苞片3、4层，外层边缘紫红色；舌状花，花冠橘黄色。瘦果圆柱状，有长喙。花期6月下旬至7月。

生于山坡草地、树林下；喜半阴。

可用于花坛、花境、切花等；根入药。

猫儿菊

猫儿菊

和尚菜

Adenocaulon himalaicum Edgew.

科属：菊科和尚菜属

根状茎匍匐，直径1～1.5cm，自节上生出多数的纤维根。茎直立，高30～100cm。根生叶或有时下部的茎叶花期凋落；下部茎叶肾形或圆肾形，长(3)5～8cm，宽(4)7～12cm，基部心形，顶端急尖或钝，边缘有不等形的波状大牙齿，齿端有突尖，叶上面被尘状柔毛，下面密被蛛丝状毛，基出三脉；中部茎叶三角状圆形；最上部的叶披针形或线状披针形。头状花序排成狭或宽大的圆锥状花序，花梗短，被白色绒毛，花后花梗伸长，长2～6cm，被稠密头状具柄腺毛。总苞半球形；总苞片5～7个，宽卵形，全缘，果期向外反曲。雌花白色，长1.5mm，檐部比管部长，裂片卵状长椭圆形，两性花淡白色，长2mm，管部是檐部的2倍。瘦果棍棒状，被多数头状具柄的腺毛。花果期6～11月。

生河岸、湖旁、峡谷、阴湿密林下；在干燥山坡亦有生长；从平原到海拔3400m的山地均可见。

可布置花境及城市美化应用。

和尚菜

牛　蒡

Arctium lappa L.

别名：大力子　恶实　鼠粘子
　　　夜叉头　老母猪耳朵

科属：菊科牛蒡属

二年生草本，高1～1.5m。茎粗壮，上部分枝。基生叶丛生，茎部叶互生；基叶特大，扩卵形，基部心形，边缘波状或有细锯齿；上面无毛，背面密生柔毛；叶柄粗壮。头状花序排成伞房状，径达4cm ；总苞圆球状 ；总苞片披针形，顶端呈钩状内弯；全为管状花，淡紫色，5齿裂。蒴果。花期6～7月；果期7～8月。

生于山坡、草地、路边。

嫩枝和根可作蔬菜食用；果、根、茎、叶均入药。可布置花境及作切花栽培。

牛蒡

牛蒡

三脉紫菀

三脉紫菀

三脉紫菀

Aster ageratoides Turcz.

别名：三脉叶马兰　野白菊　白升麻　山白菊

科属：菊科紫菀属

多年生草本，高40～100cm。茎直立，有沟棱，被柔毛。中部叶椭圆形至长圆状披针形，边缘有3～7对粗齿；上部叶渐小。头状花序排成伞房状；总苞片3层；舌状花紫色、淡红色或白色；管状花黄色。瘦果倒卵状长圆形。花果期7～9月。

生于林下、林缘、灌丛及山谷湿地。

可作绿化观赏材料；全草入药。

高山紫菀

高山紫菀

Aster alpinus L.

科属：菊科紫菀属

多年生草本植物，高10～35cm。有丛生的茎和莲座状叶丛。叶全缘，两面多少被伏柔毛。头状花序单生于茎顶，舌状花紫色、蓝色或淡红色；管状花黄色。瘦果密被绢毛，冠毛白色。花果期7～8月。

生于山地草原和草甸中。

可布置花坛、花境，亦可作盆花栽培，或用于岩石园配置。

圆苞紫菀

圆苞紫菀

Aster maackii Regel.

科属：菊科紫菀属

多年生草本，高40～85cm。茎直立，有短糙毛，基部有纤维状残叶片。基部叶花期枯落；中部叶长椭圆状披针形，长4～11cm，宽0.7～2cm，顶端尖或渐尖，基部渐狭，几无柄，边缘有小尖头状浅锯齿；上部叶渐小，全缘；叶纸质，两面有短糙毛，有离基三出脉。头状花序直径3.5～4.5cm，2个或数个在顶端排成疏伞房状，有时单生；总苞半球形，宽1.2～2cm；总苞片3层，外层渐短，上部草质，下部革质，顶端圆形，边缘膜质；舌状花20多个，紫红色；筒状花黄色。瘦果倒卵圆形，长2mm，两面或一面有肋，有短密毛；冠毛白色或基部稍红色，约与筒状花花冠等长。

生湿润的草甸子或沼泽地。

可布置花坛、花境，亦可作盆花、切花栽培，或用于湿地公园配置。

紫　菀

Aster tataricus L.

科属：菊科紫菀属

多年生草本，高1～1.5m。茎直立，上部疏生短毛，基生叶丛生，长椭圆形，基部渐狭成翼状柄，边缘具锯齿，两面疏生糙毛，叶柄长，花期枯萎；茎生叶互生，卵形或长椭圆形，渐上无柄。头状花序排成伞房状，有长梗，密被短毛；总苞半球形，总苞片3层，边缘紫红色；舌状花蓝紫色，筒状花黄色。瘦果有短毛，冠毛灰白色或带红色。花期7～8月，果期8～10月。

生于阴坡、草地、河边。

可布置花坛、花境，亦可作切花栽培。

关苍术

Atractylodes japonica Koidz. ex Kitam.

别名：苍术　东苍术　吴仓术

科属：菊科苍术属

多年生草本，高30～70cm。茎直立，被疏毛，近木质。茎生叶互生，3～5羽状全裂，侧裂片长圆形、倒卵形或椭圆形，边缘具细刺状锯齿，上面有光泽；顶裂片较大，叶柄长约3cm；上部叶3裂或不分裂。头状花序单生枝端，径约1.5cm。基部叶状苞片2层，羽状全裂，裂片刺状；总苞片7～8层；管状花白色。瘦果圆柱形。花果期7～9月。

生于林缘、林下、灌丛。

根茎入药。可作绿化观赏材料。

关苍术

关苍术

紫菀

紫菀

柳叶鬼针草

柳叶鬼针草

狼把草

狼把草

柳叶鬼针草

Bidens cernua L.

科属：菊科鬼针草属

一年生草本，高10～90cm。生于岸上的有明显的主茎，中上部分枝，节间较长；生于水中的常自基部分枝，节间短，主茎不明显。茎直立，近圆柱形；麦秆色或带紫色，无毛或嫩枝上有疏毛。叶对生，极少轮生，通常无柄，不分裂，披针形至条状披针形，先端渐尖，中部以下渐狭，基部半抱茎状，边缘具疏锯齿，两面稍粗糙，无毛。头状花序单生茎、枝端，连同总苞苞片直径达4cm，开花时下垂，有较长的花序梗。总苞盘状，外层苞片5～8枚，叶状，内层苞片膜质，长椭圆形或倒卵形，先端锐尖或钝，背面有黑色条纹，具黄色薄膜质边缘，无毛；托片条状披针形，约与瘦果等长，膜质，透明，先端带黄色，背面有数条褐色纵条纹。舌状花中性，舌片黄色，卵状椭圆形，先端锐尖或有2～3个小齿，盘花两性，筒状，花冠管细窄，冠檐扩大呈壶状，顶端5齿裂。瘦果狭楔形，具4棱，棱上有倒刺毛，顶端芒刺4枚，有倒刺毛。

多生于草甸及沼泽边缘，有时沉生于水中。

可布置花坛、花境、湿地公园，亦可作切花栽培。

狼把草

Bidens tripartita L.

别名：豆渣菜　郎耶菜　鬼叉

科属：菊科鬼针草属

一年生草本，高30～150cm。茎基部匍匐，上部直立，有棱角，暗紫色。叶对生，有短柄，上部叶3深裂或不裂，中部叶羽状3～5裂，下部叶羽状分裂或羽状复叶，叶缘有锯齿。头状花序，球形，顶生及腋生，有梗；总苞杯状；全管状花，黄色。瘦果扁平，顶端截形，褐色。花期7～8月；果期8～9月。

生于田边、路旁或湿草地、水边。

全草入药。可布置花坛、花境、湿地公园，亦可作切花栽培。

翠　菊

Callistephus chinensis Nees.

别名：蓝菊

科属：菊科翠菊属

一二年生草本，高30～100cm。茎直立，分枝多，有白糙毛。叶互生，卵形至长椭圆形，边缘粗锯齿。头状花序，单生茎端，直径达5cm。总苞片外层叶状，绿色，倒披针形；中层淡红色，较短；内层更短。边缘花舌状，雌性，蓝、紫、红或白色，有1至多层；中央花管状，两性，黄色，花冠5齿裂。瘦果。花期7～8月；果期8～9月。

生于山坡林缘、沟谷、路边。

可用于布置花坛、花境，或用作切花。

丝毛飞廉

Carduus crispus L.

别名：飞廉　老牛锉　红花草　雷公草

科属：菊科飞廉属

二年生草本，高70～120cm。茎直立，具条棱及绿色翼，翼具刺齿。茎下部叶椭圆状披针形，羽状深裂，裂片边缘具刺，茎上部叶渐小。头状花序2～3，生分枝顶端；总苞钟形，总苞片多层；花筒形，管状，两性，紫红色。瘦果椭圆形。花果期5～9月。

生于田边、路旁或山坡疏林中。

可作庭院花卉植物；根及全草入药。

翠菊

丝毛飞廉

丝毛飞廉

翠菊

小蓟

小蓟

小　蓟

Cephalanoplos segetum (Bunge) Kitam.

别名：刺儿菜

科属：菊科刺儿菜属

多年生草本，高约50cm。茎直立，稍被蛛丝状毛。叶互生，长椭圆形至长圆状披针形，全缘或有波状疏锯齿。头状花序单生于茎顶和枝端；总苞钟状，苞片5裂；花冠紫红色；雄花冠细管状，长达2.5cm，5裂；雌花冠细管状，长2.8cm，花柱细长，伸出花冠之外。瘦果长椭圆形。花期5～7月；果期8～9月。

生于田间、路旁、沟边、荒丘。

可作庭院花卉，布置花坛、花境等。带花全草及根状茎入药。

大蓟

大蓟

大　蓟

Cephalanoplos setosum (Willd.) Kitam.

别名：大刺儿菜

科属：菊科刺儿菜属

多年生草本植物。茎直立，株高50～100cm，上部具分枝，被蛛丝状毛。叶矩圆形，长5～12cm，宽2～6cm，前端钝，有刺尖，基部收狭，边缘有缺刻状齿或羽状浅裂，有细刺，叶面绿色，有疏蛛丝状毛或无毛，叶背上具密毛。头状花序，小，多集生在枝端，单性；雄花序较小，总苞长1.3cm左右，雌花序总苞长16～20cm，外层总苞片短，披针形，顶端尖，内层总苞片条状，披针形，顶端稍扩大，花冠紫红色，全是筒状花。瘦果黄白色至浅棕色，长圆形；冠毛羽状。靠根芽和种子进行繁殖。花期7～9月。

多见于农田、路旁或荒地。

可作庭院花卉，布置花坛、花境等。

菊　苣

Cichorium intybus L.

别名：卡斯尼

科属：菊科菊苣属

多年生草本，高50～150cm。茎直立，有条棱，中空。基生叶长6～20cm；茎生叶渐小，叶下面被疏毛。头状花序单生茎和枝端，或2～3个在中上部叶腋簇生。总苞圆柱状，长8～14mm；花全部舌状，花冠蓝色。果实有棱角。花期7～8月；果期8～9月。

生于田野、路旁、草地、山沟。

可作绿化观赏花卉；全草入药。

烟管蓟

Cirsium pendulum Fisch.

科属：菊科蓟属

多年生草本，高1～2m。茎直立，上部分枝，被蛛丝状毛。叶互生，基生叶与茎下部叶二回羽状深裂，有刺，被毛；茎中部叶椭圆形，无柄；上部叶渐小，裂片线形。头状花序下垂，在茎上排成总状，有梗长约15cm，花梗密被蛛丝状毛；总苞片8层；花冠紫色。瘦果长圆形。花果期7～9月。

生于林缘、草地、河岸、地边。

可作绿化材料；全草入药。

菊苣

菊苣

烟管蓟

烟管蓟

刻叶刺菜

刻叶刺菜

刻叶刺菜

Cirsium setosum (Willd.) MB.

科属：菊科蓟属

多年生草本，高40～120cm。茎直立，稍被蛛丝状毛。叶互生，下部叶为羽状的疏波状缺刻；上部为长圆状披针形，有波状缺刻。头状花序着生长梗上，常2个单枝聚伞花序下垂；总苞钟状，苞片5裂；花紫红色。花期5～7月；果期8～9月。

生于路旁、沟边、田间、荒丘。

可作绿化材料；带花全草及根状茎入药。

绒背蓟

绒背蓟

野菊

野菊

绒背蓟

Cirsium vlassovianum Fisch.

别名：斩龙草　猫腿菇

科属：菊科蓟属

多年生草本，高50～100cm。茎直立，有纵棱，被毛，暗紫色。叶互生，卵状披针形，无柄；叶面绿，背面灰绿色，被白色柔毛。头状花序生于分枝顶端，径约2cm；总苞片5层；花全为管状，紫红色。瘦果长圆状倒卵形。花期7～8月；果期8～9月。

生于山坡疏林下、林缘、河边或湿地。

可作绿化花卉材料；根入药。

野　菊

Dendranthema indicum (L.) Des Moul.

科属：菊科菊属

多年生草本，高30～90cm。茎直立，有纵棱，被细柔毛。叶互生，中部茎生叶卵形或长圆状卵形，羽状深裂或半裂，裂片边缘浅裂或有锯齿；上部叶片渐小。头状花序在枝端排列成伞房状圆锥花序；总苞半球形，总苞片4层；缘花舌状，鲜黄色；盘花管状，黄色。瘦果倒卵形。花果期8～10月。

生于山坡、旷野。

可在园林中成片栽植或作花境栽植，也可盆栽观赏；全草入药。

东风菜

东风菜

林泽兰

东风菜

Doellingeria scaber (Thunb.) Ness.

别名：白山菊　大耳朵花　东风　鲜白草

科属：菊科东风菜属

多年生草本，高1～1.5m。茎直立，上部多分枝。叶互生，心形，边缘具小尖头的齿，两面有糙毛；中部以上的叶常有楔形具宽翅的叶柄。头状花序直径18～24mm，排成圆锥伞房状；总苞片约3层；外围1层雌花约10个，舌状，舌片白色，条状矩圆形；中央有多数两性花，花冠筒状，上部5齿裂，裂片条状披针形。瘦果倒卵形或椭圆形。花期7～8月；果期8～9月。

生于山坡荒地、林缘、灌木丛和湿地。

可在园林中成片栽植或作花境栽植。嫩叶和茎是早春营养丰富的山野菜；全草及根入药。

林泽兰

Eupatorium lindleyanum DC.

别名：白鼓钉　毛泽兰　秤杆升麻　平头花　白头菊

科属：菊科泽兰属

多年生草本，高50～90cm。茎直立，单一，被柔毛。叶对生，具短柄，披针形，边缘具锯齿。中部叶大，上部渐小。头状花序多数，于茎顶排列成聚伞花序状，近半球形；每一聚伞花序具花4～6朵，全为管状花，粉白色或淡紫红色。花期8～9月；果期9～10月。

生于山坡、林缘、灌丛中。

可作观赏花卉；根及全草入药。

林泽兰

湿鼠曲菜

Gnaphalium tranzschelii Kirp.

别名：臁疮草 无心草

科属：菊科鼠曲草属

一年生草本，全株被绵毛，呈灰白色。茎高15～40cm，单生或簇生，直立或斜上。下部叶倒披针形至线形，长约4cm，宽约3mm，先端钝，微突尖，基部狭，全缘，无柄；茎生叶长圆状线形至披针形。头状花序密集于茎及分枝顶端，球形，成总状排列；总苞片3列，淡黄色，披针形至长椭圆形，膜质；小花黄白色；缘花丝状，雌性；盘花两性，较粗，结实。瘦果长圆形；暗褐色，有细点及冠毛。花期8月。果期9月。

生于高山草地及河岸等湿处。

可作城市绿化地被植物。

湿鼠曲菜

阿尔泰狗娃花

Heteropappus altaicus (Willd.) Novopokr.

别名：阿尔泰紫菀 铁杆蒿

科属：菊科狗娃花属

多年生草本，高30～100cm。茎通常多数，分枝，被毛。叶互生，叶片线形或线状长圆形，无柄，全缘。头状花序多数，单生于枝顶，聚生成伞房状圆锥花序；总苞片2～3层，边缘舌状花约20，淡蓝色或蓝色。瘦果压扁，长圆状倒卵形。花期7～8月；果期8～9月。

生于山坡草地、草原、草甸。

可布置花境或丛植于草坪；根入药。

湿鼠曲菜

阿尔泰狗娃花

阿尔泰狗娃花

山柳菊

山柳菊

山柳菊

Hieracium umbellatum L.

别名：伞花山柳菊
科属：菊科山柳菊属

多年生草本，高50～140cm。茎直立，通常不分枝，稍有毛。叶互生，无柄，边缘有尖而大的锯齿，稀有全缘。头状花序在茎顶排成伞房状；花全为舌状，鲜黄色，舌片先端平截，有5浅齿。瘦果紫褐色。花期7～8月；果期8～9月。

生于山坡草地、疏林中。

可作园林绿化材料；根及全草入药。

旋覆花

Inula japonica Thunb.

别名：大黄花　黄丁香　金沸草
科属：菊科旋覆花属

多年生草本，高30～70cm。茎直立，被长伏毛。叶互生，狭椭圆形，基部渐狭或有半抱茎的小耳，无柄，边缘有小尖头的疏齿或全缘。头状花序，直径2.5～4cm，数朵排成疏散伞房状，梗细；舌状花黄色，顶端3小齿；筒状花长约5mm。瘦果圆锥形。花期7～8月；果期8～9月。

生于荒山坡、草地、河边、路旁。

可作园林绿化材料；根及全草入药。

旋覆花

旋覆花

线叶旋覆花

Inula lineariifolia Turcz.

别名：蚂蚱膀子　驴耳朵　窄叶旋覆花

科属：菊科旋覆花属

多年生草本，基部通常有不定根。茎直立，单生或2～3个簇生，高30～80cm，具纵沟棱，被短柔毛，上部常被长毛，杂有腺体。基部叶和下部叶在花期常宿存，线状披针形，有时椭圆状披针形，长5～15cm，宽0.7～1.5cm，下部渐狭成长柄，边缘常反卷，顶端渐尖，上面无毛，下面有腺点，被蛛丝状短柔毛或长伏毛；中脉在上面稍下陷，网脉优势明显；中部叶渐无柄，上部叶渐狭小，线状披针形至线形。头状花序径1.5～2.5cm，在枝端单生或排列成伞房状，梗短或细长。总苞半球形；总苞片约4层，多少等长或外层较短，线状披针形，上部叶质，被腺体和短柔毛，下部革质，有缘毛。舌状花较总苞长2倍；舌片黄色，长圆状线形。管状花长3.5～4mm，有尖三角形裂片。冠毛，白色，与管状花花冠等长。瘦果圆柱形。花期7～9月，果期8～10月。

生于山坡、荒地、路旁、河岸，极常见，海拔150～500m。

可布置花境，或作切花栽培。

线叶旋覆花

线叶旋覆花

线叶旋覆花

山苦荬菜

山苦荬菜

山苦荬菜

山苦荬菜

Ixeris chinensis (Thunb.) Nakai

别名：苦荬菜　奶浆菜　苦麻子　七托莲

科属：菊科苦荬菜属

多年生草本，高10～30cm。多簇生，全株无毛。基生叶莲座状，叶基部渐狭成柄，全缘或呈不规则形状浅裂与深裂；茎生叶1～3，与基生叶相似，无柄，基部抱茎。头状花序排成稀疏的伞房状；舌状花黄色、白色、淡紫色，舌片先端5齿裂。瘦果窄披针形，红棕色。花期5～7月；果期6～8月。

生于河岸、路边、田间、荒地。

植株矮小，花期较长，可作花境、花坛配置；全草入药。

山马兰

Kalimeris lautureana (Debx.) Kitam.

别名：北马兰　山鸡儿肠

科属：菊科马兰属

多年生草本，高40～80cm。茎直立，单生或2～3簇生，上部分枝成扫帚状。叶披针形、倒披针形或线状披针形；全缘或有疏齿；无柄。头状花序单生枝顶，排成伞房状；总苞半球形，3层；边花舌状，淡紫色；中央花管状，黄色。瘦果。花果期7～9月。

生于山坡、林缘、草地、沟边、路旁；喜阳光充足处。

可作花卉；根及全草入药。

山马兰

蹄叶橐吾

Ligularia fischeri Turcz.

别名：肾叶橐吾　马掌菜　山紫菀
科属：菊科橐吾属

多年生草本，茎高常1m左右，稀高达2m。茎直立，被褐色柔毛。基生叶有长柄，肾状心形，大型，宽达35cm，边缘有三角形齿，叶背面密被柔毛；茎生叶较小，柄短，基部鞘状抱茎。总状花序生茎顶，舌状花多数，黄色。花果期7～9月。

生于山坡、草地、灌丛及疏林下；喜阴湿环境。

可作花卉；根入药。

掌叶蜂斗菜

Petasites palmatus A. Gray

别名：伏季菜
科属：菊科蜂斗菜属

多年生草本，高约1m。茎直立，丛生。基生叶肾形，宽达50cm。不规则掌状分裂，边缘有尖锯齿，密生蛛丝状毛，叶面绿色，背面灰白色；叶柄长约1m，肉质管状；茎生叶无柄，卵状长圆形。头状花序单一，生于长梗上，花浅紫色或白色。花期5～6月。

生于林缘、沟谷、河岸。

可作绿化观赏。是营养丰富的春季山野菜。

蹄叶橐吾

掌叶蜂斗菜

掌叶蜂斗菜

蹄叶橐吾

兴安毛连菜

兴安毛连菜

Picris davurica Fisch.

别名：毛连菜　枪刀菜　山黄烟

科属：菊科毛连菜属

二年生草本，高30～80cm。茎直立，全株密被钩状分叉的硬毛。基生叶多数，叶倒长卵形或长圆状披针形，边缘具微齿或全缘，花期凋萎；茎生叶互生，长圆披针形，上部叶渐成线状披针形。头状花序多数，排列成伞房状圆锥花序，顶生和腋生，花黄色。花期6～7月；果期7～8月。

生于林缘、疏林下或路旁、沟谷中。

可作花卉；花及全草入药。

全缘叶金光菊

Rudbeckia fulgida Ait.

科属：菊科金光菊属

二年生或多年生草本。叶互生，全缘。头状花序大，有多数异型小花，周围有一层不结实的舌状花，中央有多数结实的两性花。总苞蝶形或半球形；总苞片2层，叶质，覆瓦状排列。花托凸起，圆柱状或圆锥状；托片干膜质，对折呈龙骨片状；舌状花黄色、橙色或红色；舌片开展，全缘或顶端具2～3短齿；管状花黄棕色或紫褐色；管部短，上部圆柱形，顶端有5裂片；花药基部截形，全缘或具2小尖头。花柱分枝顶部具钻形附器，被锈毛。瘦果具4棱或近圆柱形，稍压扁，上端钝或截形。冠毛短或无。花期7～9月。

生于林缘、疏林下或路旁、沟谷中。可作城市绿化观赏。

兴安毛连菜

全缘叶金光菊

全缘叶金光菊

羽叶风毛菊

Saussurea henryi Hemsl.

科属：菊科风毛菊属

多年生草本，高15～23cm。茎细弱，单生，上部疏被蛛丝状绒毛，近先端处渐粗。基部叶柄长1～2.5cm，坚挺，基部稍膨大呈半抱茎，近无毛或具疏缘毛；叶片长圆形，长2.3～6cm，宽1.9～2.5cm，羽状深裂，两面无毛，干后表面深褐色，背面黄褐色，中脉在背面凸起；中部叶稀疏，明显变小，中部以上成苞片状，线形。头状花序单生或1～3生于先端；总苞钟状，基部稍狭，长1.4～1.6cm，宽1～1.2cm；总苞片5～6层，长钻形，稍弯曲，基部稍宽，外面被蛛丝状毛或几无毛，外层长为内层的1/2至近等长。花冠红色或紫色，檐部裂片线形。果实黑色，无毛；冠毛易落。

多生于多石山坡及针叶林下，海拔2000～2200m。

可作城市绿化地被植物。

羽叶风毛菊

风毛菊

Saussurea japonica (Thunb.)DC.

科属：菊科风毛菊属

二年生草本。高50～150cm。茎直立，粗壮，上部分枝，被短微毛和腺点。基生叶和下部叶有长柄，矩圆形或椭圆形，长20～30cm，羽状裂，裂片7～8对，中裂片矩圆状披针形，侧裂片狭矩圆形，顶端钝，两面有短微毛和腺点；上部叶渐小，椭圆形、披针形或条状披针形，羽状裂或全缘。头状花序多数，排成密伞房状，直径1～1.5cm；总苞筒状，长8～12mm，宽5～8mm，被蛛丝状毛，总苞片6层，外层短小，卵形，中层至内层条状披针形，先端有膜质圆形具小齿的附片，常紫红色；小紫色；冠毛淡褐色。

生荒地、路边、山沟、山坡。

可作城市绿化观赏，亦可作切花栽培。

风毛菊

风毛菊

羽叶风毛菊

宽叶返魂草

华北鸦葱

Scorzonera albicaulis Bunge

别名：白茎鸦葱　芥草细辛　猪尾巴　羊奶子

科属：菊科鸦葱属

多年生草本，高1m余。茎直立，中空，有沟纹，被丝状毛。叶条形或宽条形，基部微扩大，抱茎；上部叶渐小。头状花序在茎顶和侧生花梗顶端排成伞房花序，花全部舌状，黄色。瘦果。花期6～7月；果期7～8月。

生于山坡草地、路旁。

可作花卉；根部入药。

宽叶返魂草

宽叶返魂草

Senecio cannabifolius Less.

别名：麻叶千里光

科属：菊科千里光属

多年生草本，高60～180cm。茎直立，丛生，无毛，上部多分枝。单叶互生，叶柄短，基部2小耳；叶羽状或近掌状分裂，边缘密锯齿，侧裂片1～2对，稀3对，较小；茎中部叶较大；上部叶渐小，常不分裂，呈线形。头状花序多数，生于茎顶和枝端，排列成复伞房状；舌状花8～10个，黄色，舌片长圆状线形；管状花多数，褐黄色。花果期7～8月。

生于林缘、沟谷；喜阴湿。

可作观赏花卉；全草入药。

华北鸦葱

华北鸦葱

林荫千里光

Senecio nemorensis L.

别名：黄菀
科属：菊科千里光属

多年生草本，高50～120cm。茎单生，有时丛生。叶互生，宽披针形至长圆披针形，基部渐狭，近无柄，半抱茎，边缘具不整齐细锯齿；上部叶渐小，条状披针形至条形。头状花序顶生和上部腋生，排列成复伞房状；舌状花5～10个，黄色，舌片条形；管状花多数。瘦果圆柱形。花期7～8月；果期9～10月。

生于林下、草甸；喜阴湿。

可作花坛植物、庭园花卉；全草入药。

伪泥胡菜

Serratula coronata L.

别名：黄麻
科属：菊科麻花头属

多年生草本，高50～100cm。根状茎块状，黑褐色，须根细长。茎直立，上部分枝。叶具柄，椭圆形或卵形，长10～20cm，宽5～10cm，羽状全裂，裂片披针形，边缘具疏齿和短刚毛，上部叶渐小。头状花序3～5，生于茎端，总苞钟形，长10～15mm；总苞片7层，紫褐色，被褐色绒毛，管状花紫红色，缘花雌性，盘花两性。瘦果矩圆形，淡褐色，冠毛淡褐色。花期6～7月，果期7月～8月。

为中生草甸种。广泛出现于海拔130～2000m的森林地区、森林草原以及干旱、半干旱地区的山地，为杂类草草甸、林缘草甸的伴生种。

可作城市绿化观赏。

伪泥胡菜

林荫千里光

林荫千里光

伪泥胡菜

腺梗豨莶

腺梗豨莶

腺梗豨莶

Siegesbeckia pubescens Makino

别名：肥猪草　粘苍子

科属：菊科豨莶属

一年生草本，高30～120cm。茎直立，上部多分枝，被灰白色长柔毛。叶对生，茎中部叶卵形或菱状卵形，有翅状叶柄，边缘粗锯齿，上部叶渐小。头状花序，径约2cm，花梗较长；总苞宽钟状，总苞片2层，叶质，背面密生褐色头状具柄腺毛；舌状花黄色，舌片先端2～3(5)齿裂；管状花黄色。瘦果倒卵形。花期7～8月；果期8～9月。

生于山坡、路边。

可作观赏花卉；全草入药。

兴安一枝黄花

Solidago virgaurea L.var. *dahurica* Kitag

别名：兴安一支蒿　寡毛一枝黄花
科属：菊科一枝黄花属

多年生草本，高30～150cm。茎直立，单一，上部被短柔毛。叶互生，椭圆状披针形，边缘具尖锐锯齿，翼状叶柄；中上部叶渐小、渐为无柄，近全缘，边缘有毛。头状花序排列成总状或总状圆锥状；总苞钟形；花冠黄色，筒状；边花1层，雌性；中央管状花两性，花冠5裂。瘦果圆柱形。花期7～8月；果期8～9月。

生于林缘、路旁、山坡地。

可作观赏花卉；全草和根、花入药。

兴安一枝黄花

兴安一枝黄花

苣荬菜

Sonchus brachyotus DC.

别名：野苦荬　山苦荬
科属：菊科苦苣菜属

多年生草本，高25～90cm。茎直立，单一。叶互生，倒披针形或长圆状披针形，基部渐狭，半抱茎，全缘，具睫状刺毛或边缘波状弯缺至浅裂；上部叶渐小。头状花序数个排成聚伞状；全为舌状花，鲜黄色；舌片长约2cm，花径3～5cm。瘦果长圆形。花果期6～9月。

生于田野、路旁、荒地。

可作观赏花卉；嫩茎、叶为山野菜；全草入药。

苣荬菜

苣荬菜

兔儿伞

兔儿伞

兔儿伞

苦苣菜

苦苣菜

苦苣菜

Sonchus oleraceus L.

科属：菊科苦苣菜属

一年生或二年生草本。株高40～80cm。基生叶倒披针形，琴状，羽状深裂；茎生叶叶柄基部耳状扩大抱茎，头状花序排列成伞房状，总苞钟状，长10～12mm，总苞2～3层，舌状花黄色。

生于山坡草地、林间草地、潮湿地或近水旁、村边或河边砾石滩，海拔300～2300m。

可作城市绿化观赏。

兔儿伞

Syneilesis aconitifolia (Bge.) Maxin.

别名：南天扇　雨伞菜　帽头菜

科属：菊科兔儿伞属

多年生草本。茎直立，高70～120cm，单一，无毛，略带棕褐色。根生叶1枚，幼时伞形，下垂。茎生叶互生，圆盾形，掌状深裂，裂片复作羽状分裂，边缘具不规则的牙齿，上面绿色，下面灰白色；下部叶具长柄，长约10～16cm，裂片7～9枚；上部叶较小，柄长2～6cm，裂片4～5枚。头状花序多数，密集成复伞房状；苞片1层，5枚，无毛，长椭圆形，顶端钝，边缘膜质。花两性，8～11朵，花冠管状，长约1cm，先端5裂。雄蕊5，着生花冠管上；花柱纤细，柱头2裂。瘦果长椭圆形；冠毛灰白色或带红色。花期7～8月。果期9～10月。

生于山坡荒地、林缘及路旁，海拔1000～1200m。喜温暖湿润的环境，属半耐寒性植物，兔儿伞对土壤要求不严格，以肥沃、疏松、保水、保肥、透气性好的沙质壤土及轻黏土为适宜。

可作城市绿化观赏。

山牛蒡

Synurus deltoides (Ait.) Nakai.

科属：菊科山牛蒡属

多年生草本。根肉质，茎粗壮，高1～2m，带紫色，有微毛，上部多分枝。基生叶丛生，茎生叶互生，宽卵形或心形，长40～50cm，宽30～40cm，上面绿色，无毛，下面密被灰白色绒毛，全缘，波状或有细锯齿，顶端圆钝，基部心形，有柄，上部叶渐小。头状花序丛生或排成伞房状，有梗；总苞球形，总苞片钟形，带紫色；筒状花，淡紫色。瘦果椭圆形或倒卵形，灰黑色。花期6～7月，果期8～9月。

生于山坡林缘、林下或草甸，海拔550～2200m。

可作城市绿化观赏。以肥大肉质根供食用，叶柄和嫩叶也可食用。

白花蒲公英

Taraxacum leucanthum (Ledeb.) Ledeb.

科属：菊科蒲公英属

多年生草本，高10～25cm，叶基生，线状披针形，近全缘至具浅裂，少半裂，具很小的小齿，长(2)3～5(8)cm，宽2～5mm，两面无毛。花梗1至数个，头状花序直径25～30mm；舌状花通常白色，稀淡黄色，边缘花舌片背面有暗色条纹。瘦果倒卵状长圆形，冠毛长4～5mm，带淡红色或稀为污白色。花果期6～8月。

生于海拔2500～6000m，山坡湿润草地、沟谷、河滩草地以及沼泽草甸处。

可作观赏花卉；茎叶为早春野菜；全草入药。

山牛蒡

山牛蒡

白花蒲公英

白花蒲公英

白花蒲公英

东北蒲公英

东北蒲公英

Taraxacum ohwianum Kitam.

别名：婆婆丁

科属：菊科蒲公英属

多年生草本，高10～25cm。叶基生，呈莲座状；叶片矩圆状披针形或倒卵形，边缘浅裂或不规则羽状分裂，裂片三角状，全缘或具疏齿。花梗多数，头状花序单一，顶生，花径2.5～4cm，全为舌状花，黄色。瘦果长椭圆形，冠毛长4～5mm，带淡红色或稀为污白色。花果期4～6月。

生于田边、沟边、路边、甸子边。

可作观赏花卉；茎、叶为早春野菜；全草入药。

东北蒲公英

东北蒲公英

狗舌草

Tephroseris kirilowii (Turcz. Ex DC) Holub.

别名：丘狗舌草

科属：菊科狗舌草属

多年生草本，高20～70cm。茎直立，被蛛丝状毛。基部叶莲座状，具短柄，椭圆形，边缘具浅齿或近全缘，两面具白绒毛；中部叶卵状椭圆形，无柄，基部半抱茎；顶端叶披针形或线状披针形。头状花序3～9枚，伞房状或假伞房状排列；边缘舌状花，舌片先端2～3齿裂，中央管状花，均为黄色。瘦果椭圆形。花果期5～7月。

生于山坡和林缘；喜阳光充足处。

可作花卉观赏；全草入药。

狗舌草

狗舌草

尖齿狗舌草

Tephroseris subdentata (Bge.) Holub

科属：菊科狗舌草属

多年多草本。根茎单生，直立，高20～60cm，不分枝，初时被疏蛛丝状毛，后或多或少脱落。基生叶数枚，莲座状，具长柄，匙形、线状匙形或倒披针形，全缘、近全缘或具不规则具尖头的齿，纸质，两面被疏蛛丝状毛或无毛；叶柄长2～13cm，具狭翅，被蛛丝状毛或变无毛，基部扩大；下部茎叶与基生叶同形；中部茎叶无柄，披针形至线形，全缘或具数齿；上部叶长线形或线状钻形，苞片状。头状花序7～30枚排列成顶生近伞形状伞房花序或复伞房花序；花序梗被疏蛛丝状毛及黄褐色短柔毛，基部具苞片，苞片线状钻形。总苞钟状，无外苞片。舌状花13～15，舌片黄色。管状花多数，花冠黄色。瘦果圆柱形，冠毛白色。花期6～7月。

生于潮湿草地或阴湿处。

可作城市绿化观赏。

女菀

Turczaninowia fastigiata (Fisch.) DC.

别名：白菀　织女菀　女宛　女肠　羊须草　茆

科属：菊科女菀属

多年生草本，高30～100cm。茎直立，下半部光滑，上半部有细柔毛。叶互生；基部叶线状披针形，长5～12cm，宽5～12mm，基部渐狭成短叶柄，先端渐尖，边缘粗糙，疏生细锯齿，花后凋落；茎上部叶无柄，线状披针形至线形，上面光滑，绿色，下面有细软毛，边缘粗糙，稍反卷。头状花序多数，密集成复伞房状；总苞片3～4层，草质，边缘膜质，先端钝；外围有1层雌花，雌花舌状，舌片白色，椭圆形；中央多数两性花，花冠筒状，黄色；柱头2裂，裂片长圆形，先端钝。瘦果，长圆形；冠毛灰白色或稍红色，有多数糙毛。花期秋季。

生于荒地、山坡、路旁。

可作城市绿化观赏。

尖齿狗舌草

尖齿狗舌草

女菀

女菀

尖齿狗舌草

长苞香蒲

长苞香蒲

宽叶香蒲

长苞香蒲

Typha angustata Bory et Chaub.

别名：水蜡烛　金簪草　芦烛

科属：香蒲科香蒲属

多年生草本，高1.5～3m。茎直立。叶狭线形，叶鞘圆筒形，半抱茎。花小，单性，雌雄同株，集合成圆柱状肥厚的穗状花序。果穗赭褐色，长约15cm，柱径1.5～3cm。花果期8～10月。

生于泡泽、水边。

中国传统的水景花卉，花序可作切花和干花；全草入药。

宽叶香蒲

Typha latifolia L.

科属：香蒲科香蒲属

多年生草本，高1～2.5cm。叶阔线形，基部鞘状，抱茎。花小，单性，雌雄同株，圆柱状穗状花序。果穗赭褐色，长约10cm，柱径1.5～2cm。花期7～8；果期9月。

生于泡泽、水边。

中国传统的水景花卉，花序可作切花和干花；全草入药。

泽泻

泽　泻

Alisma orientale (Sam.) Juzepcz

别名：水车前　如意花　天鹅蛋
　　　水泽　水白菜
科属：泽泻科泽泻属

多年生沼生挺水草本，高50～100cm。茎秆直立。叶基生，长椭圆形、椭圆状卵形或宽卵形；叶柄长10～50cm，基部扩大成鞘状。花茎从叶丛中抽出，高10～100cm；花轮生成伞形状，再集生成大型圆锥花序；花两性，花被片6，萼片3，绿色，宿存；花瓣3，倒卵形，白色具紫红晕，膜质，与萼片等长或较萼片小，脱落；雄蕊6。瘦果侧扁。花果期7～9月。

生于水田、水沟、浅水泡泽及沼泽地。

用于沼泽园景布置或作水景中的后景，也可盆栽；球茎、叶、果入药。

泽泻

狭叶慈姑

Sagittaria trifolia L. var. *angustifolia* (Sieb.) Kitag

别名：剪刀草　长叶慈姑　慈姑草
　　　燕尾草　张口草
科属：泽泻科慈姑属

多年生沼生挺水草本，高约70cm。叶具长柄；叶片箭头形，裂片较狭，线状披针形或披针形，全缘。总状花序顶生，上部为雄花，下部为雌花，萼片3，绿色；花瓣3，较萼片大，近圆形，白色；花药黄色；心皮多数，离生，密集成球状。果斜倒卵状三角形。花期7月；果期8～9月。

生于池沼、水田、浅水沟中。

可作水边绿化材料，也可盆栽置庭院中。

狭叶慈姑

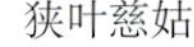

狭叶慈姑

大叶章　稗

稗

羊草

大叶章

Calamagrostis langsdorffii (Link) Trin.

科属：禾本科拂子茅属

多年生草本，高80～150cm。茎秆有分枝，丛生。叶线形，粗糙，背面生短毛。圆锥花序稍密；长10～25cm，分枝极粗糙；小穗黄绿色或带紫色。外稃披针形，长约3mm，具直立或稍弯曲的芒。颖果。花期6～7月；果期8～9月。

生于河岸、山谷湿地及草原。

优良的环保植物，可作绿化材料；茅舍屋面防水、保温优质材料；可用于造纸。

稗

Echinochloa crusgalli (L.) Beauv.

别名：稗草　稗子

科属：禾本科稗属

一年生草本。秆直立，基部倾斜或膝曲，光滑无毛。叶鞘松弛，下部者长于节间，上部者短于节间；无叶舌；叶片无毛。圆锥花序主轴具角棱，粗糙；小穗密集于穗轴的一侧，具极短柄或近无柄；第一颖三角形，基部包卷小穗，长为小穗的1/3～1/2，具5脉，被短硬毛或硬刺疣毛，第二颖先端具小尖头，具5脉，脉上具刺状硬毛，脉间被短硬毛；第一外稃草质，上部具7脉，先端延伸成1粗壮芒，内稃与外稃等长。

喜温暖湿润环境，既能生长在浅水中而又较耐旱，并耐酸碱。

可作观赏草布置花径、花境。

羊　草

Leymus chinensis (Trin) Tzvel.

别名：碱草

科属：禾本科赖草属

多年生草本，具发达的下伸或横走的根状茎。须根系。秆直立，疏丛状或单生，高30～90cm，一般具2～3节，生殖枝可具3～7节。叶鞘光滑，短于节间基部的叶鞘常残留呈纤维状，叶具耳，叶舌截平，纸质，叶片灰绿色或黄绿色，长7～14cm，宽3～5mm，质地较厚而硬，干后内卷，上面及边缘粗糙或有毛，下面光滑。穗状花序直立，长12～18cm，穗轴坚硬，边缘被纤毛，每节有1～2小穗，小穗长10～20mm，含5～10小花，颖锥状，具1脉，边缘有微纤毛，不正覆盖着外稃，外稃披针状，无毛，5脉不明显，第一外稃长8～11mm。颖果长椭圆形，深褐色。

多生于草地，耐寒旱也耐碱，且耐践踏。为各种家畜喜吃的牧草。

可作园林地被植物应用，也可作为观赏草布置花径、花境。

荻

Miscanthus sacchariflorus (Maxim) Benth et Hook.

别名：红毛公　芒草

科属：禾本科芒属

多年生草本。根状茎粗壮，横走。秆直立，高80～150cm。叶片宽条形，长20～40cm，宽8～13mm，边缘具小刺，叶鞘光滑；叶舌长1mm左右。圆锥花序顶生，扇形，长15～30cm，总状花序长达10～20cm；小穗成对生于各节上，一柄长，一柄短，含2小花，仅第二小花结实；基盘具丝状长柔毛，长达小穗的2倍；第一颖两侧有脊，背部有长柔毛；无芒或不露出小穗之外；雄蕊3；柱头自小穗两侧伸出。花期7～8月，果期8～9月，顶生的大型圆锥花序，指状展开，异常醒目。

生在干燥山坡、撂荒多年的农地、古河滩、固定沙丘群以及荒芜的低山孤丘上，常形成大面积的草甸，繁殖力强，耐瘠薄土壤。

除可供饲用之外，尚有防沙、护堤、造纸、苫房等用途。可作观赏草布置花径、花境。

荻

荻

狼尾草

Pennisetum alopecuroides (L.) Spr.

别名：戾曹　小芒草　狗尾草

科属：禾本科狼尾草属

多年生草本，高30～100cm。秆丛生，直立。叶片线形，顶端长渐尖；叶鞘光滑，扁压，具脊；穗状圆锥花序，长5～20cm，密生柔毛；刚毛长1～2.5cm，具向上微小糙刺，成熟后黑紫色。颖果。花果期7～9月。

生于田边、路旁。

可作绿化材料；全草、根、根茎入药。

狼尾草

芦　苇

Phragmites communis Trin.

科属：禾本科芦苇属

多年生高大草本，高2～5m。茎直立，表面光滑，富纤维，质坚韧。叶二列式排列，广披针形至宽条形，全缘，两面粗糙；叶鞘包秆，叶舌有毛。圆锥花序顶生，稠密，分枝纤细，帚状，棕紫色，略下垂，基部有白丝状毛；小穗3～7花。颖果。花果期7～10月。

生于河岸、沟旁、沼泽和盐渍地。

可作河岸、湖边低湿地绿化背景材料；造纸重要原料；根状茎入药。

芦苇

金色狗尾草

金色狗尾草

Setaria glauca (L.) Beaue.

别名：金狗尾　狗尾草　狗尾巴
科属：禾本科狗尾草属

一年生草本。秆高20～90cm。叶片条形，宽2～8mm。圆锥花序柱状，通常长3～8cm；刚毛状小枝金黄色或带褐色；小穗长3～4cm，单独着生常伴有不孕小穗；第一颖长为小穗的1/3；第二颖长约为小穗的1/2；第二外稃成熟时有明显的横皱纹，背部强烈隆起。

生于林边、山坡、路边和荒芜的园地及荒野。

秆叶供作饲料。莠狗尾草 *S. pallidefusca* (Schumach.) Stapf et C. EHubb 近似本种，但小穗长2～2.5mm，第一小花无雄蕊，内稃短小；第二外稃有很细的皱纹，成熟时背部稍隆起。可作观赏草布置花径、花境。

球穗莎草

球穗莎草

Cyperus difformis L.

科属：莎草科莎草属

一年生草本，高约1.2m。秆丛生，三棱形。叶生于基部。苞片2～3，叶状，不等长。聚伞花序简单，少数复出，具2～7个不等长的辐射枝，顶端披针形或线形；鳞片倒卵状圆形或近圆形；雄蕊1～2；柱头3。小坚果椭圆形。

生于稻田或湿地。

可作草坪植物。

水　葱

Scirpus tabernaemontani Gmel.

别名：冲天草　翠管草　莞　莞蒲
科属：莎草科藨草属

多年生挺水草本，高1～2m。茎杆直立，圆柱形，表皮光滑，中空。具3～4个膜质管状叶鞘，鞘长约40cm，最上面的叶鞘具叶片；叶片细线形，长2～11cm；茎顶端苞片1，为茎秆的延长，短于花序。长侧枝聚伞花序，假侧生，具4～13或更多辐射枝；小穗卵形或椭圆形，长5～15mm，淡黄褐色，密生多数花。坚果倒卵形。花期6～8月；果期7～9月。

生于沼泽地、湿地草丛、泡泽浅水中。

可作水面绿化或岸边、湖畔点缀，也可盆栽；入药。

水葱

水葱

菖　蒲

Acorus calamus L.

别名：水菖蒲　剑菖蒲　白蒲　臭蒲　香蒲
科属：天南星科菖蒲属

多年生沼生草本，高50～150cm。有香气。叶基生，剑状线形，基部鞘形，对折抱茎。花茎基出，扁三棱形，长20～50cm，叶状佛焰苞长20～40cm，肉穗花序直立或斜向上生长，圆柱形，黄绿色，长4～9cm；花两性，密集生长，花被片6，条形；雄蕊6，稍长于花被，花丝扁平，花药淡黄色。浆果，红色。花期6～7月；果期8～10月。

生于沼泽谷地、溪畔、池塘湖泊浅水处。

可用于岸边及水面绿化，也可盆栽观赏；根可提取香料；全草可提制生物农药；根茎入药。

菖蒲

菖蒲

菖蒲

东北天南星

Arisaema amurense Maxim.

别名：紫苞天南星
科属：天南星科天南星属

多年生草本。高30～60cm。块茎扁球形，径达3cm，须根放射状伸出。叶1枚，有长柄，小叶5，形状变化大；小叶广倒卵形，先端尖，基部楔形，全缘，长7～17cm，宽5～11cm。肉穗状花序，雌雄异株；花序由叶鞘尖抽出，肉穗上端棍棒状，有佛焰苞，佛焰苞下部筒形，绿色或紫色，有白色条纹；雄蕊有4～6花药，合生花丝很短。果穗椭圆形，长达5cm。浆果成熟时红色。花期6～7月，果期7～8月。

生于林下、沟旁或山林间阴湿处。

其花形独特，叶朴实无华。果熟时犹如红串玛瑙，高雅、华贵，惹人喜爱。为观花、观果植物。根茎入药。

东北天南星　　东北天南星

朝鲜天南星

朝鲜天南星

Arisaema peninsulae Nakai

别名：羹匙菜　大头参
科属：天南星科天南星属

多年生草本，高50～80cm。茎浅灰色，具纵向细纹和明显的紫黑色斑纹。复叶2枚，小叶5～11片，叶片卵状披针形，叶脉明显；小叶先端尖锐，基部楔形，全缘，叶柄较长。肉穗花序，花序柄长20～40cm；佛焰苞绿色，下部筒状；先端附属物棍棒状。浆果红色。花果期7～9月。

生于阴坡林下；喜阴湿处。

嫩绿色的佛焰苞、鲜红色的浆果、奇特的叶和具有斑纹的茎，均有很好的观赏价值；块茎入药。全株有毒。

朝鲜天南星

朝鲜天南星

朝鲜天南星

朝鲜天南星

朝鲜天南星

鸭跖草

Commelina communis L.

别名：蓝雀草　三角菜
科属：鸭跖草科鸭跖草属

一年生草本，高30～70cm。茎圆柱形，肉质。下部节匍匐状，节常生根，节间较长，表面绿色，具纵细纹。叶互生，带肉质；卵状披针形，全缘，基部狭圆成膜质鞘。总状花序，花3～4朵，深蓝色，着生于二叉状花序柄上的苞片内；总苞片有柄；萼片3；花瓣3，前方1枚色淡且较小，两侧花瓣较大；雄蕊6，能育雄蕊3，花药黄色；雌蕊1，花柱先端弯曲，子房上位。蒴果椭圆形。花期6～8月；果期8～9月。

生于林缘、路旁、山坡阴湿处及水沟边。

可室内盆栽布置窗台、几架，也可在较阴湿处作花坛镶边；全草入药。

鸭跖草

鸭跖草

雨久花

Monochoria korsakowii Regel. et Maack.

别名：浮蔷
科属：雨久花科雨久花属

多年生水生挺水草本，高30～90cm。茎直立，基部紫红色，全株光滑无毛。叶基生，叶片广卵圆状心形，全缘，具长柄，有时膨大成囊状，茎生叶叶柄基部鞘状抱茎。总状花序或圆锥花序，顶生超过叶的长度，十余朵花组成花序，花梗长约8mm；花鲜蓝色，径约2cm，花被片6，椭圆形，顶端钝圆；花药6，长圆形，浅蓝色，一侧花丝有一细小分枝，其余均为黄色。蒴果。花果期7～10月。

生于池沼、水沟、河边、水田；喜水湿，耐半阴。

可室内盆栽作园林水生植物搭配，也可作盆栽和切花材料；全株入药。

雨久花

雨久花

薤白

薤白

白花山韭

山韭

白花山韭

山韭

薤　白

Allium macrostemon Bge.

别名：小根蒜　藠头　野蒜

科属：百合科葱属

多年生草本，高30～70cm。叶基生，叶片线形，基部鞘状抱茎。花茎由叶丛中抽出，单一，直立，平滑无毛。伞形花序密而多花，近球形，顶生。花梗细；花被6，长圆状披针形，淡紫粉红色或淡紫色；雄蕊6，长于花被，花丝细长；雌蕊1，子房上位，3室，有3棱，花柱线形，细长。蒴果。花期6～8月；果期7～9月。

生于山坡林缘、田间、草地。

可作蔬菜食用；鳞茎入药。

山　韭

Allium senescens Linn.

科属：百合科葱属

多年生草本。叶数片丛生；线形叶细长，上部扁平肥厚，基部近圆柱状。花茎圆柱状，平滑无毛，高30～50cm；伞形花序顶生，放射状呈半球形；花被6，紫色；雄蕊6，着生在花被上，花药长圆形；花柱丝状，柱头小。蒴果。花果期7～9月。

生于山地疏林下、灌丛中。

可作绿化花卉材料；全草入药。

白花山韭

Allium senescens L. f. *albiflora* Q.S.Sum

科属：百合科葱属

多年生草本。叶数片丛生，叶狭线形至宽披针形，上部扁平，基部近半圆柱状，多短于花茎。花茎圆柱状，具2纵棱，高15～40cm，下部被叶鞘；伞形花序半球状至近球状，花被6，多花密集，小花梗近等长，花白色；花柱伸出花被外。蒴果。花果期7～9月。

生于林缘、山坡草地、灌丛中。

可作绿化花卉材料；全草入药。

龙须菜

Asparagus schoberioides Kunth.

别名：雉隐天冬
科属：百合科天门冬属

攀援状多年生草本，高可达1m。茎上部与分枝具纵棱。叶为细枝状，3～4枚成簇，条形，镰刀状。花2～4朵腋生，黄绿色；花梗短；花小，花被片6。浆果球形，直径约6mm，成熟时红色。花期6～7月；果期8～9月。

生于林下草地、山坡或干燥土丘上。

可作绿化材料；块根入药。

龙须菜

龙须菜

铃　兰

Convallaria majalis L.

别名：草玉兰　草玉铃　铃铛花　君影草
科属：百合科铃兰属

多年生草本，高20～40cm。叶2枚，极少3枚；叶片长圆形或卵状披针形，基部渐狭抱茎，全缘，弧形叶脉。花莛由根状茎抽出，上部微弯或弯曲；总状花序，6～10朵花偏向一侧；花广钟形，下垂，先端6裂并反卷，乳白色，花径5～8mm；雄蕊6，花丝短。浆果球形，熟时红色。花期5～6月；果期7～9月。

生于林缘草丛或山坡疏林下。

世界著名庭院耐荫观赏花卉；花朵、花梗可提取高级香精；根及全草入药。有毒。

铃兰

宝珠草

Disporum viridescens (Maxim.) Nakai

科属：百合科万寿竹属

多年生草本，高20～80cm。根状茎短，具长匍匐茎。茎直立，光滑，下部数节具白色膜质的叶鞘，先端锐尖，具多脉，上部分枝。叶互生，椭圆形至卵状长圆形，长5～12cm，宽2.5～7cm，先端渐尖，基部收狭成短柄或近无柄，具3～7条弧形脉，背面脉上具乳头状突起，横脉明显，边缘具细锯齿。花1～2朵生于茎或枝的顶端，花梗长1.0～2.5cm；花被片6，开展，长圆状披针形，长15～18mm，宽3～4mm，淡绿色或白色，具明显的5～7脉，先端尖，基部囊状；雄蕊6，花丝长3～4mm，向基部扩大，花药长2～3mm；子房近球形，花柱长3～4mm，柱头3裂，向外弯卷。浆果球形，直径1cm，黑色，有2～3颗种子。种子直径约4mm，红褐色。花期5～6月，果期7～9月。

生于林下或山坡草地。

可作城市绿化地被植物。

铃兰

宝珠草

宝珠草

小顶冰花

小顶冰花

小顶冰花

Gagea hiensis Pasch

科属：百合科顶冰花属

多年生细弱草本，高10～25cm。基生叶1枚，线形，宽2～5mm，扁平，光滑。2～5朵花排成伞形花序，其下具1枚叶状总苞片，花梗不等长，下部具苞片；花6数，花被内面淡黄色，外面黄绿色；雄蕊6；花药长椭圆形；子房椭圆形。蒴果近球形。花果期4～5月。

生于山坡、林下、沟谷及河岸草地。

可作早春绿化材料；鳞茎入药。

小黄花菜

Hemerocallis minor Mill.

别名：黄花菜　金针菜

科属：百合科萱草属

多年生草本。叶基生，线形，长40～90cm，全缘。花莛由叶丛中抽出，高50～100cm，顶生1～2朵花，少有3朵花；花6数，花型较大，淡黄色，芳香，下部结合成花被管，长1～2.5cm。蒴果椭圆形。花期6～8月；果期7～9月。

生于山坡、荒地。

可作绿化花卉材料；花是上乘干菜（不宜鲜食）；根入药。

小黄花菜

小黄花菜

渥　丹

Lilium concolor Salisb.

别名：山丹丹　小百合　有斑百合　米百合

科属：百合科百合属

多年生草本，高30～50cm。茎直立，带紫色，被短毛。叶散生，条形，无柄，两面无毛，全缘。总状或近伞形花序顶生，有1～10花，直立，深红色；花被片6，不反卷，长椭圆形，长3～4.5cm，宽约7mm；雄蕊6，花丝约长2cm。蒴果圆柱形。花期6月中旬至7月初；果期7～8月。

生于山坡草地、林缘、灌丛中；喜阳光充足和湿润肥沃的土壤。

可布置花坛、花境，亦可作盆花、切花栽培。鳞茎可食用、酿酒，并入药。

渥丹

渥丹

毛百合

Lilium dauricum Ker-Gewl.

科属：百合科百合属

多年生草本，高60～180cm。茎直立，有条棱。叶互生，近无柄，茎顶端有4～5叶轮生，叶披针状条形。花1～10朵生茎顶；花钟形，橙红色，有深紫红色小斑点；花被片6，两轮排列；外轮3片，倒披针形；内轮3片较狭；雄蕊6；柱头膨大。蒴果直立，椭圆柱形。花期6月中旬至7月初；果期8～9月。

生于林缘、灌丛、山坡草地和草甸等地。

花大、艳丽，可作庭园观赏花卉，亦可作切花栽培。鳞茎可食用、酿酒，并入药。

毛百合

毛百合

渥丹

毛百合

轮叶百合　轮叶百合

轮叶百合

细叶百合

细叶百合

细叶百合

轮叶百合

Lilium distichum Nakai

别名：东北百合

科属：百合科百合属

多年生草本，高50～120cm。地下鳞茎卵圆形，鳞片白色，有节。地上茎单一，直立，圆柱形，光滑无毛，嫩绿色。叶通常6～9枚排成一轮；轮生叶生于茎中部或偏上部，轮生叶之上有少数散生小叶或过渡为苞片；叶片倒卵状披针形至长圆状披针形，全缘，无柄；轮生叶长8～18cm，宽1～3.8cm；通常在花期枯萎。花2至多朵排成总状花序，花梗粗且长，顶端下弯；苞片叶状，披针形；花6数，橙红色，具紫红色斑点，下垂，被片向外反卷；雄蕊6，花丝长，花药深红色，圆柱形。蒴果倒卵形。花期7月中旬至8月中旬，是百合属中花期较晚的种；果期8～9月。

生于林缘、山坡林下；喜排水通畅、半荫湿润处。

可作庭园观赏花卉，亦可作切花栽培。鳞茎可食用、酿酒，并入药。

细叶百合

Lilium pumilum DC.

别名：线叶百合　伞莲花　卷莲花

科属：百合科百合属

多年生草本，高30～90cm。茎细，直立，圆柱形，绿色。叶互生，条形，叶至茎顶渐小而少；无柄。花单生茎顶或茎顶叶腋各生一花，成总状花序，俯垂；花梗较粗且长；花6数，鲜红色，被片向外深度反卷；雄蕊6；雌蕊1，花柱细长。蒴果椭圆形。花期7月；果期8～9月。

生于山坡林下、灌丛、草地。

可作盆花或切花栽培，或布置花坛；鳞茎入药。

二叶舞鹤草

Maianthemum bifolium (L.) F.W.Schmidt

别名：舞鹤草

科属：百合科舞鹤草属

多年生草本，高10～25cm。茎直立。基生叶1枚，花期凋萎；茎生叶2枚，互生于茎上部，三角状心形，长4～8cm，宽2～4.5cm，基部心形，先端渐尖。小白花10～20朵排成总状花序，长3～5cm。浆果球形，熟时红色。花期5～6月；果期7～8月。

生于林下及灌丛中；喜阴湿环境。

可作盆栽和园林绿化；全草入药。

二叶舞鹤草

二叶舞鹤草

北重楼

Paris verticillata M.Bieb.

别名：七叶一枝花　轮叶王孙
上天梯　露水一颗珠

科属：百合科重楼属

多年生草本，高30～60cm。茎直立，单一。叶5～8枚于茎顶轮生，叶片倒卵状披针形。花自轮生叶中抽出，顶生一花；花梗长约5cm，外轮花被片4，绿色，叶状，卵状披针形，长约2.5cm；内轮花被片4，线状，黄绿色，长约1.5cm；雄蕊8；花柱4(5)。浆果状蒴果，紫黑色。花期6～7月；果期7～8月。

生于疏林下、林缘等地。

可作园林绿化和盆栽；根状茎入药。

北重楼

玉　竹

Polygonatum odoratum (Mill.) Druce.

别名：铃铛菜　玉参　尾参

科属：百合科黄精属

多年生草本，高20～70cm。茎单一，直立，上部稍弯拱，具3棱。叶7～12枚互生于茎上部，叶片椭圆形或长圆状椭圆形。花序常1～2(4)朵花生于叶腋，花梗下垂，具香气；花白色或淡黄绿色，近圆筒形，6裂，裂片近圆形。浆果圆球形。花期5～6月；果期7～9月。

生于林下、林缘、山坡草地。

可在园林中花坛、林下栽培，也可盆栽观赏；根状茎入药。

北重楼

玉竹

玉竹

狭叶黄精

狭叶黄精

狭叶黄精

Polygonatum stenophyllum Maxim.

科属：百合科黄精属

多年生草本。茎直立，高30～90cm，光滑。叶无柄，通常3～6枚轮生，线状披针形，长5～10cm，宽3～8mm，先端渐尖，不弯曲或拳卷，全缘，通常无毛。花序从下部3～4轮叶腋抽出，每叶腋内生2花，下垂；苞片白色，膜质，明显长于花梗；花被片6，下部合生成筒，白色，长8～12mm，雄蕊6，花丝丝状，浆果球形。花期6月，果期8月。

生于林下、林缘、草甸或灌丛中。

可作园林花卉。

鹿药

兴安鹿药

Smilacina dahurica Turcz. ex Mey.

科属：百合科鹿药属

多年生草本，高30～60cm。茎直立，单一。叶互生；矩圆状卵形叶6～12片，先端急尖，基部稍呈圆形，无柄，表面光滑，鲜绿色，背面具毛。总状花序顶生，花白色，常2～4朵簇生，花被片6；雄蕊6。蒴果近球形，熟时红色或紫红色。花期6月；果期8月。

生于林下或杂草丛中；喜阴湿。

可作园林花卉；根状茎和根入药。

鹿　药

Smilacina japonica A.Gray

别名：山糜子　盘龙七　铁梳子

科属：百合科鹿药属

多年生草本，高20～40cm。茎直立，单一，具粗毛。叶互生，通常4～7枚，卵状椭圆形至狭长椭圆形，具短柄。10～20朵白花排成圆锥花序；花6数。浆果近球形。花期5～6月；果期8月。

生于林缘、林下；喜阴湿。

可作园林花卉；根状茎和根入药。

兴安鹿药

鹿药

白花延龄草

Trillium camschatcense Ker.-Gawl.

科属：百合科延龄草属

多年生草本。高20～50cm。茎丛生于粗短的根状茎上，基部有褐色膜质的鞘状鳞片叶，顶部有3叶轮生。叶广卵状菱形或卵圆形，长10～17cm，宽7～17cm，近无柄，先端具短尖头，基部近圆形，两面无毛。花单一，顶生，花梗长1.5～4cm；外轮花被片绿色，长圆形，长2.5～4cm，宽0.7～1.2cm；内轮花被片白色，卵形或椭圆形，长3～4cm，宽1～2cm，先端钝或圆；雄蕊6，花丝长3～5mm，花药线形，长7～10mm，顶端有稍突出的药隔。浆果球形。种子多数，近长圆形。花期6月，果期7～8月。

生于林下、林边或阴湿地。

可作城市绿化地被植物。

白花延龄草

白花延龄草

兴安藜芦

Veratrum dahuricum (Turcz.) Loes. f.

科属：百合科藜芦属

多年生草本，高1m余。单叶互生，叶5～6枚；叶薄革质，椭圆形至矩圆披针形。圆锥花序较长；花被片6，白色，长7～10mm；雄蕊6，花药肾形；花柱3。蒴果。花期5～6月；果期7～8月。

生于草甸、湿地；喜阴湿，忌强光，不耐寒。

可点缀草坪；根入药。有毒。

兴安藜芦

兴安藜芦

兴安藜芦

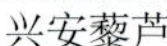

藜芦

藜芦

藜　芦

Veratrum nigrum L.

科属：百合科藜芦属

多年生草本，高1m余。单叶互生，叶4～5枚，叶薄革质，椭圆形至矩圆状披针形。圆锥花序较长，下部苞片小，主轴上花通常两性，花被片6，黑紫色。蒴果椭圆形。花期5～6月；果期7～9月。

生于背阴山坡或灌丛中；喜阴湿。

为稀有的黑紫色花卉，可作湿润地或水域岸边绿化植物；根入药。有毒。

穿龙薯蓣

Dioscorea nipponica Makino.

别名：穿地龙

科属：薯蓣科薯蓣属

多年生草质缠绕藤本。根状茎横生，呈不规则弯曲的柱状，质坚硬，外表皮易脱落。茎细长，左旋，近无毛。单叶互生；有长柄；叶片心状卵形，3～5掌状浅裂。花雌雄异株；雄花序穗状生叶腋，单生或从基部发出短分枝；花被片6，顶端6裂；雄蕊6；雌花序穗状，常单生，下垂。蒴果倒卵状椭圆形，有3个宽翅，成串生于果轴上。花期7～8月，果期8～9月。

生于林缘、灌丛和向阳山坡。

雌雄花序穗状，下垂，别有特色，可作垂直绿化观赏植物。根状茎入药。

穿龙薯蓣

穿龙薯蓣

穿龙薯蓣

玉蝉花

Iris kaempferi Sieb.

别名：紫花鸢尾　东北鸢尾
　　　花菖蒲

科属：鸢尾科鸢尾属

多年生草本。叶基生，条形，长60～80cm，具多数平行脉，中脉突起。花莛直立，高50～90cm，坚挺，有1～3片叶退化；1～3朵花，鲜红紫色、紫色、白色，或具蓝色条纹，花径达15cm；外轮3，花被裂片宽卵状椭圆形，下垂或外卷，顶端钝，中部有黄斑或紫纹；内轮3，花被裂片较小；雄蕊3；花柱分枝3，紫色，花瓣状，顶端2裂。蒴果椭圆形。花期5月；果期7～9月。

生于湿草甸或沼泽地；喜湿润环境。

花大，美丽，是布置庭园的极好花卉；根状茎入药。

溪　荪

Iris sanguinea Donn ex Horn.

科属：鸢尾科鸢尾属

多年生草本，高50～90cm。叶基生，条形。花莛超出叶；花天蓝色，径约8cm，花被片6，广倒卵形，垂瓣基部有黑褐色网纹及黄色斑纹；内花被片3，直立，狭倒卵形；雄蕊3，花柱扁平。蒴果卵圆形。花期6～7月；果期7～8月。

生于湿草甸或沼泽地；喜湿润环境。

可作庭院绿化和切花；根茎入药。

玉蝉花

溪荪

溪荪

玉蝉花

大花杓兰

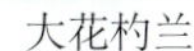

大花杓兰

大花杓兰

单花鸢尾

Iris uniflora Pall.

科属：鸢尾科鸢尾属

多年生草本。叶基生，剑状条形，花期叶长10～70cm。花茎纤细，中下部有1枚膜质苞片，内含有1朵花；花蓝紫色，直径4～4.5cm；花被管细，长约1.5cm，上部膨大成喇叭形，外花被裂片狭倒披针形，平展；内花被裂片线形或狭披针形，直立。蒴果圆球形。花期5～6月；果期7～8月。

生于山坡、林下、林缘、路旁。

大花杓兰

Cypripedium macranthum SW.

别名：大花囊兰　大口袋花

科属：兰科杓兰属

陆生兰，多年生草本，高25～50cm。茎直立，有粗毛。叶3～4枚，互生，基部抱茎，椭圆形或卵状椭圆形，先端锐尖，基部抱茎，边缘具细缘毛。花单生，大型，生于茎端，紫红色；花瓣中之唇瓣呈囊状，长约5cm，形似口袋。蒴果。花期5～6月。

生于疏林下及草原；喜湿润且土质肥沃处。

名贵观赏花卉，可作盆栽、切花；根状茎及全草入药。

单花鸢尾

单花鸢尾

绶草

绶草

绶草

绶　草

Spiranthes sinensis (Pers.) Ames.

别名：盘龙参　一线香　扭兰　抱龙柱
科属：兰科绶草属

多年生草本，高10～40cm。茎直立。茎基部有数叶，叶片条状披针形或倒披针形；茎上部叶呈鞘状。穗状花序顶生，螺旋状旋转着生；花小，淡红色；苞片卵状披针形，稍长于子房；中萼片狭，侧萼片披针形；两侧花瓣直立，稍短于萼，长圆形，钝头；唇瓣上部边缘有不规则细裂而皱缩，顶端略反曲。蒴果椭圆形。花期6～8月。

生于山阴坡、草甸、河套；喜稍阴湿的沙壤土。

花序形态奇特，宜作盆栽；根及全草入药。

小花蜻蜓兰

Tulotis ussuriensis (Reg.) Schltr.

别名：半春莲　半层莲　野芭芦
科属：兰科蜻蜓兰属

多年生草本，高30～50cm。茎细，直立，无毛。叶互生；近基部叶约3片，叶片狭长圆形或披针形，长14～18cm，全缘，无毛，叶脉平行，基部鞘状；茎中部及上部的叶小，披针形，长1～2cm。总状花序顶生；花小，淡黄绿色，长约1cm，无毛；花被唇瓣有长距，距细，长6～8mm；花期6月。

生于山谷、沟边；喜阴湿处。

可作盆栽观赏；根茎入药。

小花蜻蜓兰

小花蜻蜓兰

参考文献

1. 邵树云等著. 黑龙江省主要野生经济植物图谱. 哈尔滨: 东北林业大学出版社, 2000.3.
2. 敖志文, 李国范编. 黑龙江省蕨类植物. 哈尔滨: 东北林业大学出版社, 1990.10.
3. 周以良主编. 黑龙江树木志. 哈尔滨: 黑龙江科学技术出版社, 1986.6.
4. 聂绍荃, 袁晓颖. 黑龙江植物资源志. 哈尔滨: 东北林业大学出版社, 2003.12.
5. 周以良主编; 曲秀春编著. 黑龙江省植物志. 第10卷. 哈尔滨: 东北林业大学出版社, 2002.6.
6. 中国科学院黑龙江流域综合考察队编著. 黑龙江流域及其毗邻地区自然条件. 北京: 科学出版社, 1961.11.
7. 郭敬辉著. 黑龙江流域水文地理. 北京: 商务印书馆, 1959.
8. 赵松乔等著. 黑龙江省及其西部毗邻地区的自然地带与土地类型. 北京: 科学出版社, 1983.7.
9. 周以良等编. 黑龙江省植物志. 第一卷: 苔藓植物门. 苔纲、角苔纲. 哈尔滨: 东北林业大学出版社, 1985.
10. 周以良主编. 黑龙江省植物志. 第五卷: 被子植物门. 哈尔滨: 东北林业大学出版社, 1992.12.
11. 黑龙江省地方志编纂委员会编. 黑龙江省志. 十二卷: 林业志. 哈尔滨: 黑龙江人民出版社, 2000.2.
12. 刘慎谔等. 东北木本植物志. 北京: 科学出版社, 1955.
13. 刘慎谔等. 东北植物检索表. 北京: 科学出版社, 1959.
14. 刘慎谔等. 东北草本植物志. 北京: 科学出版社, 1959.
15. 秦瑞明等. 黑龙江省稀有濒危植物. 哈尔滨: 东北林业大学出版社, 1993.
16. 中国科学院植物研究所. 中国高等植物图鉴(第一册). 北京: 科学出版社, 1983.
17. 中国科学院植物研究所. 中国高等植物图鉴(第二册). 北京: 科学出版社, 1983.
18. 中国科学院植物研究所. 中国高等植物图鉴(第三册). 北京: 科学出版社, 1983.
19. 中国科学院植物研究所. 中国高等植物图鉴(第四册). 北京: 科学出版社, 1983.
20. 柏广新等. 中国长白山野生花卉. 北京: 中国林业出版社, 2003.
21. 黑龙江省山脉河流. 黑龙江省人民政府网站. www. hlj. gov. cn / lypd / tszdhlj/ 2007 07 / t 20070705-9652. htm
22. Kitagawa, m. Neo-Lineamenta Florae. 1979. Manshuricae. J. CRAMER
23. 吴征镒.中国种子植物的分布类型. 云南植物研究，增刊IV : 1~139, 1991.

Index of Chinese Name

中文名索引

T

W

X

Index of Scientific Name

学名索引

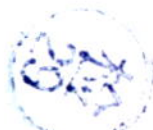